从零开始 时装画手绘表现技法

张静 / 编著

人民邮电出版社
北京

图书在版编目（CIP）数据

时装画手绘表现技法 / 张静编著. -- 北京 : 人民邮电出版社, 2017.11
（从零开始）
ISBN 978-7-115-46082-0

Ⅰ. ①时… Ⅱ. ①张… Ⅲ. ①时装－绘画技法 Ⅳ. ①TS941.28

中国版本图书馆CIP数据核字(2017)第208933号

内 容 提 要

手绘是服装设计师的基本功，同时也是服装学习者的薄弱环节。不够标准的人体会让时装画上的人物看上去摇摇欲坠，不精致的五官会让效果图平淡无奇，不熟练的上色技法会让服装面料黯然失色，唯有面面俱到才能让笔下的时装效果图大放异彩。本书的目的就在于帮助读者解决以上的问题，让服装手绘者妙笔生花，让纸上的模特呼之欲出。

本书共分为 7 章。第 1 章，引导读者了解什么是时装画，并寻找绘画的灵感；第 2 章，详细介绍了时装画的手绘工具——马克笔的使用技法；第 3 章，作者从人体骨骼结构、四肢、躯干和五官方面入手，讲解了时装画的人体表现；第 4 章则讲解了各式服装款式图的结构；第 5 章逐步分析了服装与人体的关系，对服装局部的造型表现进行了细致讲解；第 6 章详细地讲解了不同面料的绘制技法，图案及配饰的表现技法；第 7 章通过 11 个案例分析，让读者更加明确时装画的整体绘画过程。

本书讲解清晰易懂，适合服装设计初学者、服装设计专业的学生及广大时装爱好者阅读，也可作为服装设计院校及相关培训机构的教材。

◆ 编　　著　张　静
责任编辑　王　铁
责任印制　陈　犇
◆ 人民邮电出版社出版发行　北京市丰台区成寿寺路 11 号
邮编　100164　电子邮件　315@ptpress.com.cn
网址　http://www.ptpress.com.cn
北京方嘉彩色印刷有限责任公司印刷
◆ 开本：787×1092　1/16
印张：10.5　2017 年 11 月第 1 版
字数：402 千字　2017 年 11 月北京第 1 次印刷

定价：49.80 元

读者服务热线：(010)81055296　印装质量热线：(010)81055316
反盗版热线：(010)81055315
广告经营许可证：京东工商广登字 20170147 号

Foreword 前言

关于马克笔的手绘表现

随着时代的发展与艺术的进步，手绘效果图越来越受到广大设计人员的青睐，而马克笔手绘表现是最直接、最快速的表现方法。在时装效果图设计中，手绘表现是相关专业和相关从业者必备的基本技能之一，在现代的艺术设计中有着不可替代的作用和意义。

本书的编写目的

时装是个很有发展前景的行业，如今已有很多读者向往成为一名专业的时装插画师和设计师，而时装效果图就是时装设计师和插画师入门的必经之路。

本书属于时装设计师的入门教程，在经过一系列的学习之后，读者可以全面系统地了解时装行业，并学习时装知识以及相关知识的拓展认知。本书以服装设计为目的，从初学者的角度出发，通过马克笔的不同笔触、配色等对马克笔时装效果图进行综合地讲解，力求全方位、多角度地展示马克笔时装效果图的技法表现。

不仅如此，本书还有一大目的是使广大读者了解马克笔手绘效果图的表现技法和表现步骤，从而清楚地认识到如何把设计思维转化为表现手段，如何灵活地、系统地、形象地进行手绘表达。

本书定位

（1）各大高校时装设计专业在校学生的马克笔手绘教材。

（2）各大培训机构马克笔时装手绘教材。

（3）美术业余爱好者、马克笔手绘爱好者的自学教材。

（4）时装公司、时装工作室以及相关从业者的参考用书。

本书优势

1. 全面的知识讲解

本书内容全面，案例丰富，直击时装画手绘技法核心、精髓。时装画手绘是一门入门易、精通难的课程，没有一个长时间的练习和对服装与人体关系的理解，是画不出有深度、有技术含量的优秀作品图的。本书围绕如何有效地学习时装设计手绘效果图，由浅入深，从了解时装画、基本的绘画技法表现、绘画工具的认识、人体结构及动态表现到时装画着装人体的步骤分解、马克笔技法的综合表现等，提供严谨的技法理论知识和高效的绘画技巧学习。

2. 丰富的案例实战教学

打破常规同类书籍中的内容形式，本书更加注重实例的练习，包括时尚女装款式，时尚男装款式，服装色彩配色，不同场合着装，局部五官、手臂、手、腿部、足部、发型、面料质感表现，装饰物质感表现，局部服装造型表现，人体比例，人体重心，人体模特等多种实战练习。作者根据自己的绘画经验，结合丰富的时装画手绘者的经验对时装画手绘进行深入分析，运用大量的范例，为读者提供正确的绘画知识，从而轻松掌握时装画绘画的方法和技巧。

3. 多样的技法表现

本书时装手绘表现技法全面，采用马克笔的单色处理技法、叠色处理技法、勾线处理技法等多种表现方法。

4. 超值的学习套餐

精美的版式、丰富的学习内容，是时装马克笔手绘最优先的选择。

本书作者

本书由张静编著，具体参加编写和资料整理的有：陈志民、李红萍、陈云香、陈文香、陈军云、彭斌全、林小群、钟睦、张小雪、罗超、李雨旦、孙志丹、何辉、彭蔓、梅文、毛琼健、刘里锋、朱海涛、李红术、马梅桂、胡丹、何荣、张静玲、舒琳博等。由于作者水平有限，书中错误、疏漏之处在所难免。在感谢您选择本书的同时，也希望您能够把对本书的意见和建议告诉我们。

作者邮箱：lushanbook@qq.com

读者 QQ 群：327209040

麓山手绘

2017 年 5 月

目录 Contents

Chapter 01 时装画入门

Chapter 02 认识马克笔

Chapter 03 时装画人体的表现

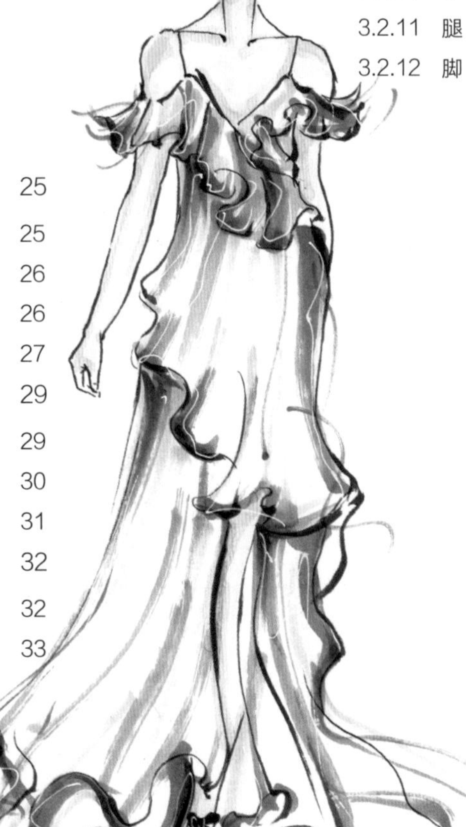

Chapter 04 服装款式图结构讲解

Chapter 05 服装与人体的关系

目录 Contents

Chapter 06 服饰质感的表现

Chapter 07 时装画综合实战

Chapter 01

时装画入门

时装画是服装设计师设计服装的手稿，也是一种插画艺术。设计师用时装画展现设计灵感，插画师用时装画表达艺术审美。如今，时装画已被服装界广泛应用，从最初简单的时装效果图扩展到现在的服装广告、宣传海报、时尚杂志和时装插画等多方面，从一种简单的效果图形式发展成一种服装界的艺术表现。

1.1 时装画的概述

时装画是以绘画作为基本手段，通过丰富的艺术处理方法来体现服装设计的造型和整体气氛的一种艺术形式。时装画是多元化、多重性的，从艺术的角度来说，它强调绘画功夫、艺术感；从设计的角度来说，它只是表达设计意图的一个手段。

时装画也称为服装画，其主体是服装的结构、面料的质地，以突出设计的重点。时装画可借鉴其他艺术来达到更好的艺术形式美。

时装画是服装制作的蓝图，具有时装广告宣传和信息交流功能；是设计师收集素材、记录款式的一种最简单的手段，也是独特的艺术作品。

时装画具有科学性、商业性和艺术性的特点。

时装画也可以分为两大类：一是实用类服装画，主要是为服装款式从设计到剪裁、缝制的预想图，如图 1–1 所示；二是艺术类时装画，也叫欣赏类时装画，主要是时装插画、服装广告宣传画和民俗时装画，如图 1–2 所示。

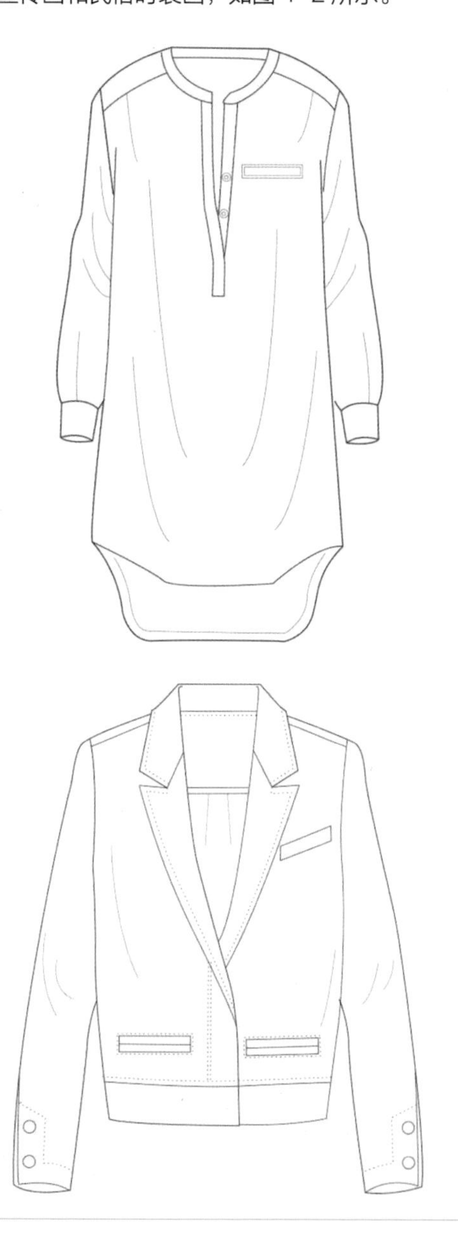

图1–1

图1-2

1.2 时装画的发展

早在 16 世纪，已有出版社开始刊登反映不同地区时装文化变迁的插画。从 1520 年到 1610 年，有超过 200 幅表现不同时装形象的版画、木刻画出版，而这些艺术手法就是早期插画的表现方式。

1672 年，最早的时尚类刊物《Le Mercure Galant》诞生，此时法国女人穿衣服的方式开始影响整个欧洲。在摄影术尚未被发明的时代，插画满足了女人对时尚的渴望，那些最新、最抢手的服装通过插画被更多人分享，而那个时代的插画则承担了复制与传播服装的责任。18 世纪末到 19 世纪初，插画获得了更广阔的天地，正如 Monet 的名作《花园里的女人》一样，印象派画家也开始热衷于绘画女人们穿着不同时装的形象。

20 世纪初，时装插画不再是时装业的“灰姑娘”，而成为了时尚本身，高端时装杂志培育了大量专业插画师。1867 年创刊的《Harper’s BAZAAR》中大量使用插画作为杂志作品，创作了无数惊艳作品。到了 20 世纪中叶，从 CoCo Chanel 到 Christian Dior，设计师们都开始画时装插画，后来插画又轻易地转变为成功的商业艺术。

正如 Prada2002 年秋冬广告以 1937 年 BAZAAR 上刊登的插画师 Jean Cocteau 手绘的 Madame Grs 裙装为灵感一样，如今时装插画不再只是杂志插画图或者设计效果图，而是成为了知名广告的灵感来源、大牌设计的跨界合作、火热单品的行销设计。毫无疑问，21 世纪的时尚江湖插画师们早已坐稳他们的半壁江山。

不管科技与技术如何超前发展，时装画始终是“画”，也始终保持着画的艺术性，如图 1-3 所示。

图 1-3

1.3 时装画的分类

根据绘画目的，可以把时装画分为四类：一是时装设计草图；二是时装效果图；三是时装结构图；四是时装插画。

1.3.1 时装设计草图

用简洁的线条，快速捕捉并记录设计师的灵感和构思，不追求画面视觉的完整性，着重于服装款式和效果方面。

有时在简单勾勒之后，采用几种简洁的色彩记录色彩构思；有时采用单线勾勒并加以文字说明，使之更加简便快捷。人物的勾勒尽管相当简单，但侧重于表现时装的动态效果，如图 1–4 所示。

图 1–4

1.3.2 时装效果图

时装效果图，是对服装的综合效果展示。它将所设计的时装，按照构思效果生动形象地绘制出来，即人们通常所指的“服装效果图”，如图 1–5 所示。

时装效果图按风格，分为装饰风格和写实风格。

装饰风格：抓住时装设计构思的主题，对设计图进行适当的变形、夸张等艺术处理，使其具有装饰美感。装饰风格的时装画不仅可以对时装的主题进行强调、渲染，还可以对设计作品进行必要的美化、变形夸张。其风格和手法也是多样的，可对设计进行重点强调，突出表现效果。

写实风格：按照时装设计完成后的真实效果进行描绘，且服装和人体细节都要表达清晰。

图 1–5

1.3.3 时装结构图

将服装款式结构、工艺特点、装饰配件及制作流程进一步细化形成的具有科学依据的示意图，必要时可以以简练的文字辅助说明以及附上料样，如图 1-6 所示。

图 1-6

1.3.4 时装插画

以欣赏及宣传为主要目的，注重绘画技巧和视觉冲击力，画面效果更接近绘画艺术，具有很强的艺术性和鲜明的个性特征，如图 1–7 所示。

图 1–7

1.4 时装画的风格特点

时装画的风格根据不同的展示，可以分为三大类，一是写实风格，二是速写风格，三是装饰风格。

1.4.1 写实风格

写实风格的人体比例一般均是头身比 1:9。写实手法是服装画中最常见的表现手法，画面逼真，形象生动，是学习服装画的基本功。

写实是为了追求画面的生动和自然，更好地体现效果，如图 1-8 所示。

图 1-8

1.4.2 速写风格

速写风格是对画面进行简单的处理，要具有一定的形象概括能力，线条简练而不失丰富。它一般较为注重人物形态的自然和优美，线条也以流畅、自如、不拘小节为特点，如图 1-9 所示。

图 1-9

1.4.3 装饰风格

装饰风格用平涂或渲染等绘制方法，形状更加接近机械形，上色层次均匀、单一。同时，夸张也是这一风格不可缺少的绘画手段，如图 1-10 所示。

图 1-10

1.5 学习绘制时装画

在当今时代，我们可以通过各种途径欣赏到国内外优秀的时装画作品，对它们进行观察和比较就可以学习到很多时装画绘制技巧。在实践过程中，临摹大师的作品对后期形成自己的绘画风格有很重要的作用。

1.5.1 通过视觉资料学习

我们通过网站、杂志和报刊等，都可以看到最新的流行趋势。通过真实的图片学习时装画是一种非常好的方式，往往更能直观地看清面料和光影变化等细节，然后经过自己对图片传递信息的理解，结合个人的绘画技巧进行绘制，如图 1-11 所示。

图 1-11

1.5.2 临摹

要想提高自己的绘画技巧，可以先临摹时装画大师的作品，重点学习其技法。在练习时装画时，可将临与摹结合起来，以扬长避短。此外，还要经常看时装画，仔细观察、分析和体会。

Jeanne Detallante

来自葡萄牙的插画设计师，也是时尚插画师，其绘制的画面大都以女性角色为主，色彩虽然艳丽，但始终保持统一的格调，如图 1-12 所示。

图 1-12

Lidia Luna

来自美国洛杉矶的时尚插画师，擅长浪漫优雅的画风，是写实派的代表，如图 1-13 所示。

图 1-13

Lutheen

Lutheen 的人物插画颜色清新，笔触细腻，干净的用色使得整个风格更加清丽，如图 1-14 所示。

图 1-14

Izak Zenou

Izak Zenou是法国时尚插画师，其作品线条简洁流畅、水彩清透，整个画面充满法式的随意优雅范，如图1–15所示。

图 1–15

图 1-15（续）

1.5.3 收集素材

要想掌握时装画的技巧，就得养成留意重要素材的习惯，及时收集、整理并合理运用，以开阔视野。另外，还要多接触各种风格的作品，让素材为我所用，养成良好的艺术习惯。

杂志

订阅杂志。把你认为好的杂志内刊剪裁下来，制作成一个专门的文件档案，为以后的设计提供素材。

网站

国内外有一些优秀的时尚网站，并且会定期更新时尚内容，你可以留意自己喜欢的插画师，并学会分析作品。

www.vogue.com …… …… www.elle.com …… …… www.style.com

www.streetpeeper.com …… www.fashion156.com …… www.leeliveira.com

www.fashionising.com …… www.wgsn.com

Chapter 02

认识马克笔

马克笔又叫麦克笔，是一种用途非常广泛的绘画工具，其优点是便于携带、色彩丰富、画面速干，外出也可随时进行绘画来提高作画效率，现如今已成为服装设计师必备的手绘工具之一。

2.1 马克笔工具介绍

了解绘画工具能让你在绘画过程中根据不同的材质选择适合的工具，时装画中马克笔为常用的绘画工具。对于有特色的时装画，也可以运用多种绘画工具如彩铅、水彩等来完成。

2.1.1 马克笔的分类

马克笔根据墨水的不同，可以分为水性马克笔、油性马克笔和酒精性马克笔。

1. 水性马克笔

颜色通透，可叠加使用，但多次叠加会使画面变灰变暗；而且容易破坏纸张，没有足够的浸透性，绘画效果与水彩类似，如图 2-1 所示。

图 2-1

2. 油性马克笔

具有一定的浸透性且挥发较慢，颜色柔和，饱和度高，重复上色时颜色应该由浅入深，以保证画面整洁干净，如图 2-2 所示。

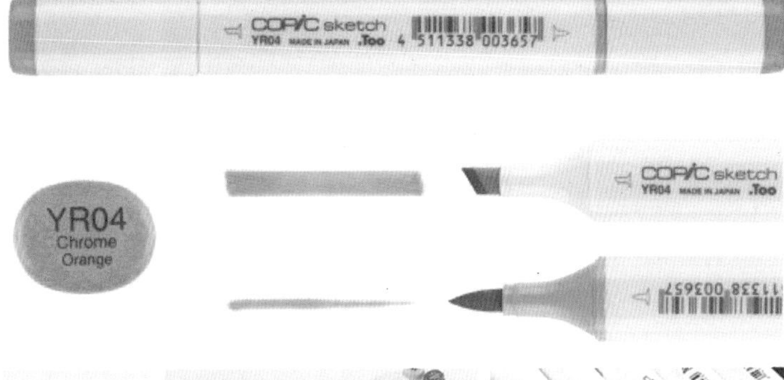

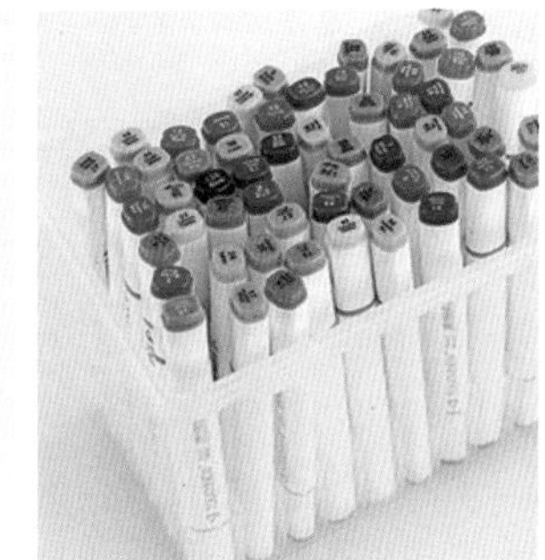

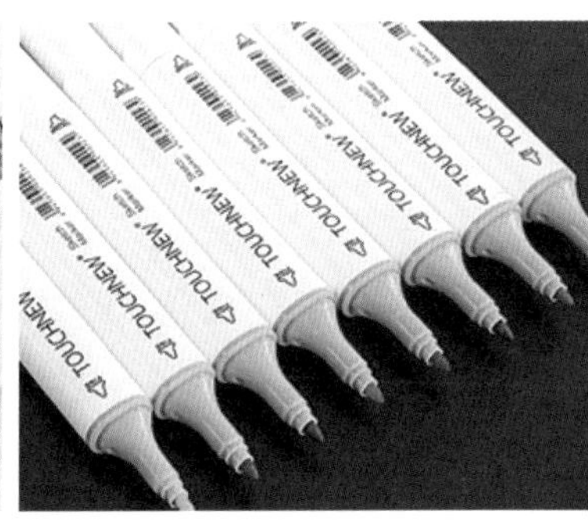

图 2-2

3. 酒精性马克笔

可在任何表面光滑的纸张上绘画，具有速干、防水和环保等特点，如图 2-3 所示。

图 2-3

2.1.2 马克笔的笔头结构

马克笔的两个笔头均是由纤维组成的，一个是宽型笔头，一个是锥形笔头。马克笔最大的魅力在于宽型笔头，其特点是笔触硬朗、锐利。当我们使用马克笔的时候，可以随心所欲地控制宽型笔头的四个切面来绘制不同的效果。锥形笔头可在宽型笔头绘制的块面色彩后进行细致描绘，笔尖较细，可以与宽型马克笔完美地融合，如图 2-4 所示。

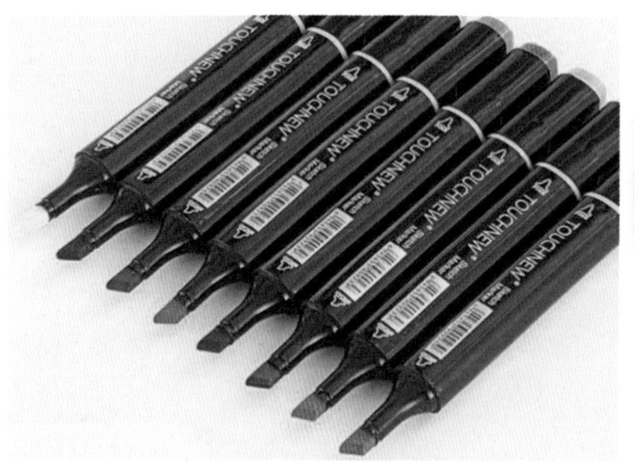

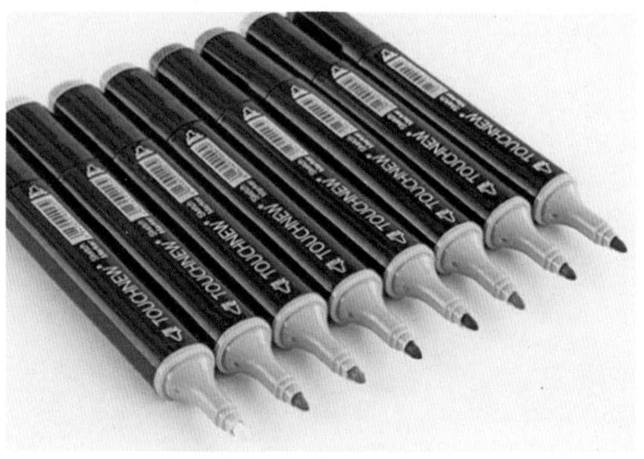

图 2-4

2.1.3 马克笔的笔触表现

马克笔的笔触对于绘画表现非常重要，只有掌握好才能灵活自如地表现各种风格的作品，而且在表现手法上也会有很多出彩的细节。根据绘画经验和规律将最基础、最常见的笔触总结出来，如垂直线握笔笔触、水平线握笔笔触、平涂笔触、渐变笔触、同色重叠笔触、同色渐变笔触、异色渐变笔触、异色重叠笔触、叠加笔触、虚实笔触，如图 2-5 所示。

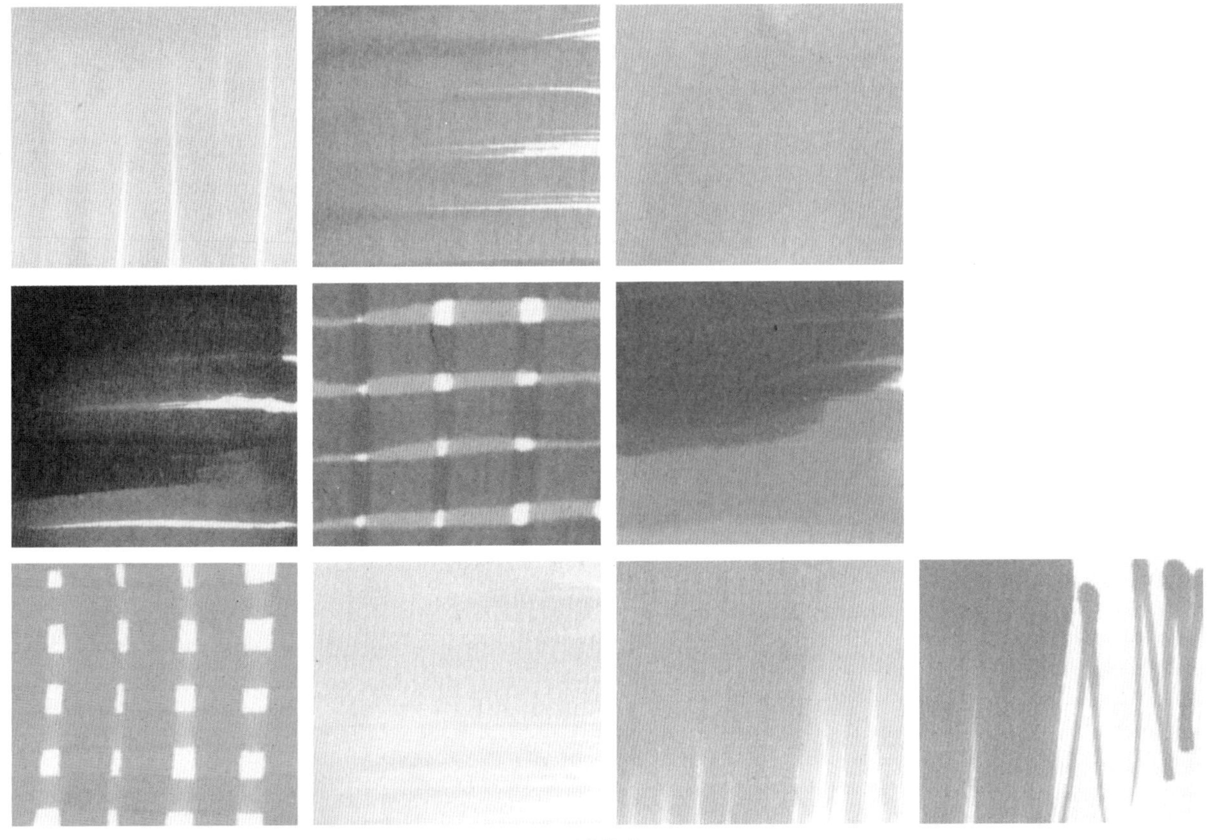

图 2-5

2.1.4 其他辅助绘画工具

辅助工具的运用，有利于丰富画面的层次感，并形成多种画面风格。

1. 铅笔

铅笔是我们学习绘画时最早接触的绘画工具。铅笔的种类较多，具有勾线和涂色的功能，可用于起稿和表现黑白时装画，如图 2-6 所示。

普通铅笔

铅笔芯以石墨为主要原料，可供绘图和一般书写使用。依其软硬不同，可分为不同的型号：从 8B、6B、3B、2B 到 B，B 的数字越高，铅笔笔芯越软，越容易上色、改动，不宜破坏纸张；从 HB、2H、3H 到 6H，都属于硬铅笔。

普通铅笔的线条变化丰富，但不耐剐蹭，画作难以长期保存。

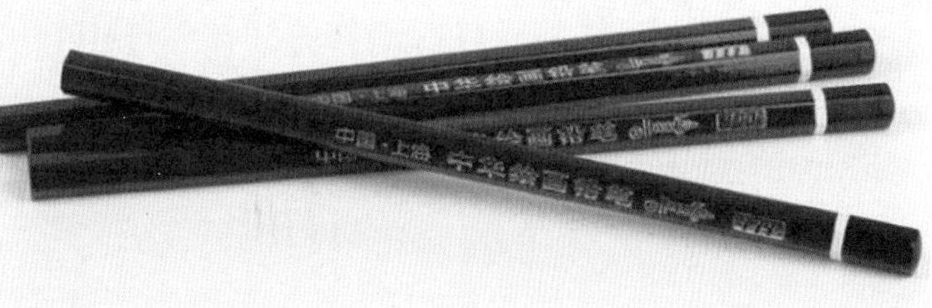

图 2-6

自动铅笔

自动铅笔是非常准确并且富于变化的绘图工具，在时装画中用来绘制线稿。用自动铅笔可以画出精密的线条和准确的时装细节，如图 2-7 所示。

自动铅笔笔芯选择较多，使用方便，能够准确干净地绘制时装画细节，但是笔触缺少变化，不容易画出节奏感强的线条。

图 2-7

2. 纸张

纸张是时装画中十分重要的素材，不同的纸张能画出不同的效果；同时，不同的绘画工具要结合特定的纸张。绘画时，要选择纸质洁白、紧度大、平滑度高的纸张。

马克笔有专用的绘画纸质，可以选用马克笔速写本和复印纸来绘制时装画，如图 2-8 所示。

图 2-8

3. 针管笔

针管笔是绘制时装效果图的基本工具之一，非常实用，起着勾勒轮廓的作用，常用于服装效果图线稿的勾线，如图 2-9 所示。

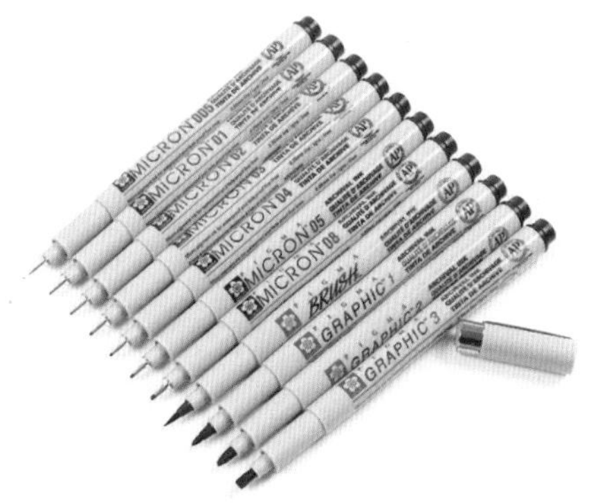

图 2-9

4. 毛笔

毛笔是中国传统的书写工具，现在已逐渐成为绘画工具。在时装画中通常用毛笔蘸取水彩和水粉进行绘画，如图 2-10 所示。

图 2-10

5. 高光笔

高光笔是在美术创作中提高画面局部亮度的工具，在描述纹理时尤为重要。适度地绘制高光可以增强画面的真实感并起到画龙点睛的作用，如图 2-11 所示。

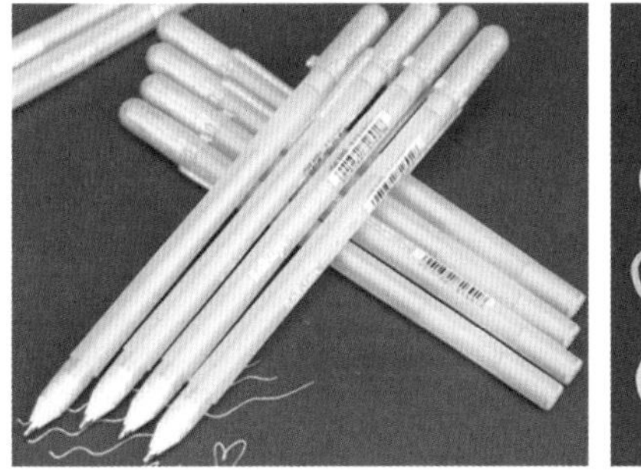

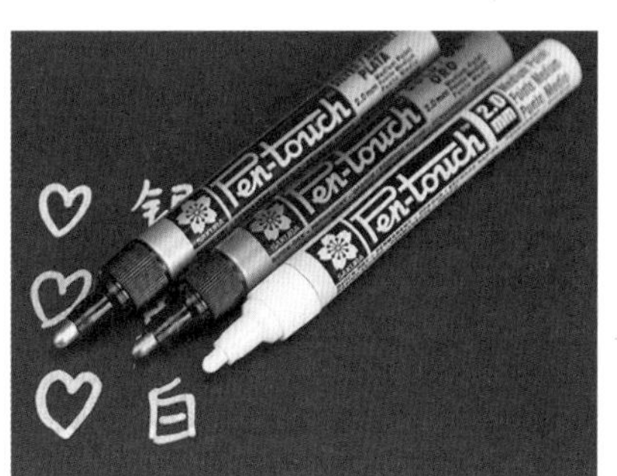

图 2-11

2.2 马克笔的渲染技法

马克笔的渲染技法，就是构成时装画的一些元素。无论是马克笔笔头的形态、线稿的表现，还是服装的廓形、材质、印花都会影响渲染。马克笔的渲染技法有很多种，如分层渲染、单色渲染、阴影渲染等。

2.2.1 分层渲染

分层渲染对颜色的深度和视觉效果有不同的要求，可以使浅色部位、中间色和深色部位的色值发生变化。分层渲染可以使用单色或同色系的颜色来实现，如图 2-12 所示。

图 2-12

2.2.2 单色渲染

单色渲染就是用一种颜色进行渲染，最简单的方法是从顶部开始扩展到底部。这种渲染方法适用于明面，如图 2-13 所示。

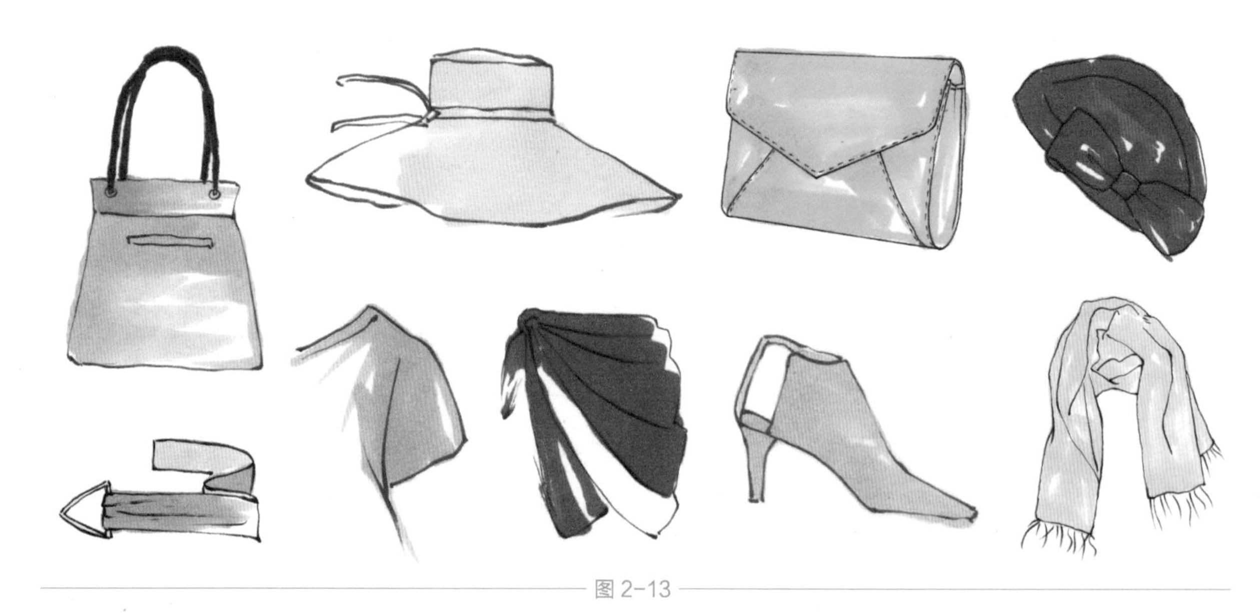

图 2-13

2.2.3 阴影渲染

阴影渲染常用冷灰色或暖灰色的马克笔来处理，使用时要注意彼此之间的差异。阴影渲染可以通过颜色叠加来实现，如图 2-14 所示。

图 2-14

2.3 马克笔的色彩表现

马克笔的色彩表现，主要是通过颜色的搭配使画面具有冲击力和吸引力。

2.3.1 色彩的基础知识

在学习马克笔的色彩搭配之前，要先了解一下颜色的基础知识。色彩是一门深奥的学问，想要一时半刻就深入了解是不太可能的。但是我们可以学习一些固定的色彩搭配知识，以便绘画时更好地进行颜色搭配。

1. 色相

色相是色彩的相貌和特征，是区别各种不同色彩最准确的标准。色相指色彩的种类和名称，如红、橙、黄、绿、青、蓝、紫等颜色的种类变化就叫色相，如图 2-15 所示。

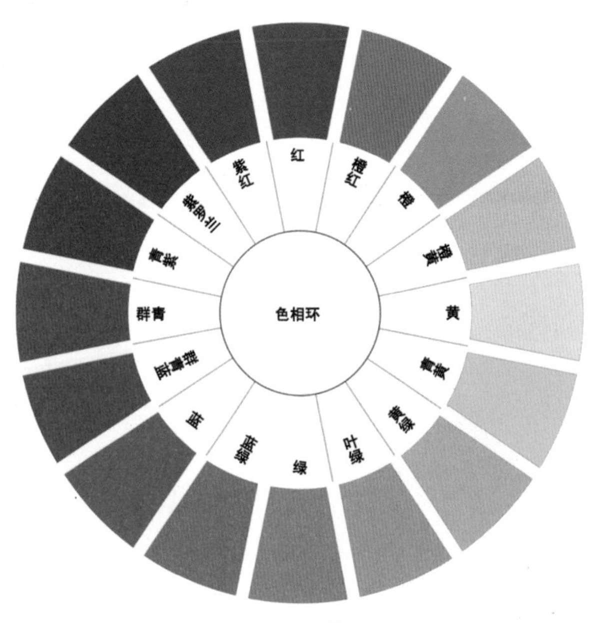

图 2-15

2. 明度

明度指色彩的亮度，颜色有深浅、明暗的变化。比如，深黄、中黄、淡黄、柠檬黄等黄颜色在亮度上就不一样，紫红、深红、玫瑰红、大红、朱红、橘红等红颜色在亮度上也不尽相同。这些颜色在明暗、深浅上的不同变化，也就是色彩的又一重要特征——明度变化，如图 2-16 所示。

图 2-16

3. 纯度

纯度指色彩的鲜艳程度，也叫饱和度。原色是纯度最高的色彩，混入补色，纯度会立即降低、变灰。颜色混合的次数越多，纯度越低；反之，纯度越高。物体本身的色彩，也有纯度的高低之分。比如西红柿与苹果相比，西红柿的纯度高些，苹果的纯度低些，如图 2–17 所示。

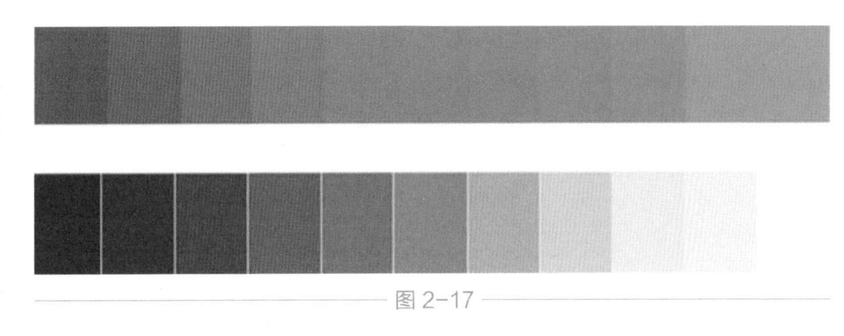

图 2–17

2.3.2 服装效果图的配色

在现代服装设计中，配色已经越来越受到人们的重视。服装配色的效果会直接影响到服装成品，在服装设计中起着至关重要的作用。

1. 领近色

在 24 色相环上任选一个颜色，与此色相距 90 度以内，或者彼此相隔 5~6 个色位的两个颜色，即称为邻近色。邻近色一般有两个范围，一个是冷色范围，主要是指绿、蓝、紫的邻近色；另一个是暖色范围，主要是指红、黄、橙的邻近色。比如绿色与黄绿色、橘红色与橘黄色就是领近色，如图 2–18 所示。

图 2–18

2. 对比色

对比色是人的视觉感官所产生的一种生理现象，也是视网膜对色彩的平衡。在 24 色相环上相距 120~180 度的两种颜色，称为对比色。比如橙色与绿色、土黄色与灰色就是对比色，如图 2-19 所示。

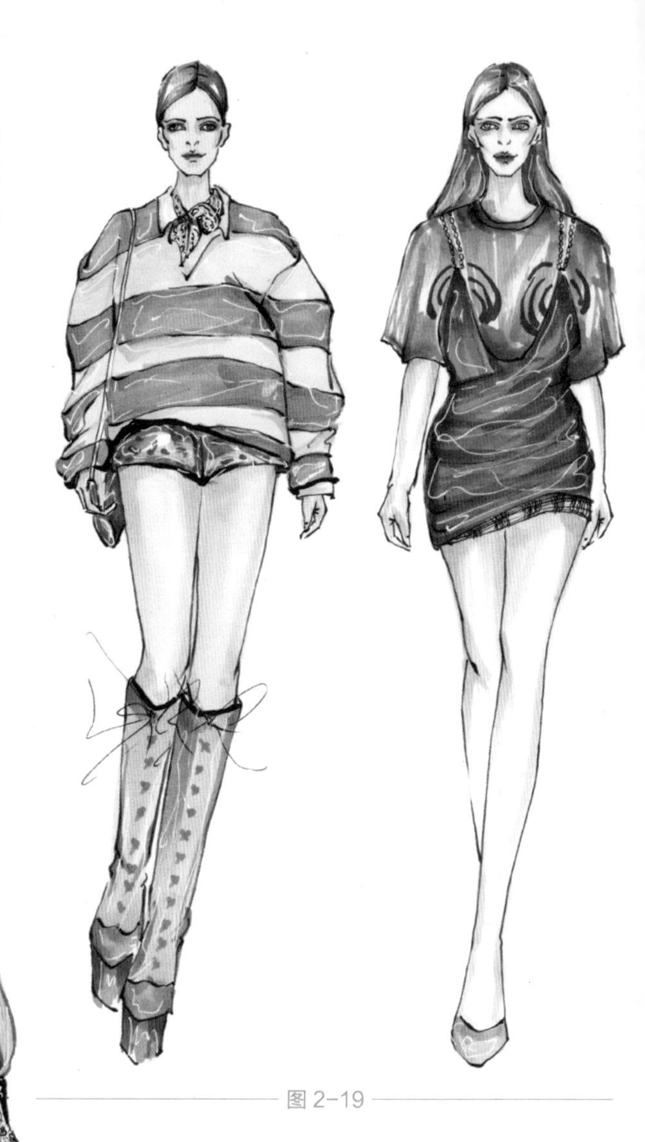

图 2-19

3. 互补色

互补色又称为补色、余色，或强度比色。如果两种颜色混合后呈现黑灰色，那么这两种颜色一定互为补色。色环的任何直径两端相对之色都称为互补色。

色彩中的互补色有蓝色与黄色互补、红色与绿色互补，如图 2-20 所示。

图 2-20

Chapter 03

时装画人体的表现

服装效果图中所展现的人体与正常绘画下人体有所区别。从本质上讲，它适用于展示服装效果，在比例和动态上有一定的标准。

3.1 人体躯干

在时装画中，最基础也最难的就是时装人体。学绘画时画的真实人体的比例为 7~7.5 个头长，但是为了体现时装画的美感，通常会将人体画成 9~11 个头长；同时在画时装人体的时候也必须准确地了解人体的骨骼和肌肉的关系，并掌握女性与男性之间的区别。

3.1.1 人体骨骼结构

在人体结构学中，骨架是构成人体的基础。它能支撑人体的动作姿态，被肌肉依附。要想画出优美的肌肉结构，就必须理解骨骼的形状、位置和结构。在时装画中几乎所有的骨点都能从表面看到，而且骨骼结构准确会使人体表现更加自如。掌握精准的人体骨骼知识会让时装画中的人体更有说服力，如图 3-1 所示。

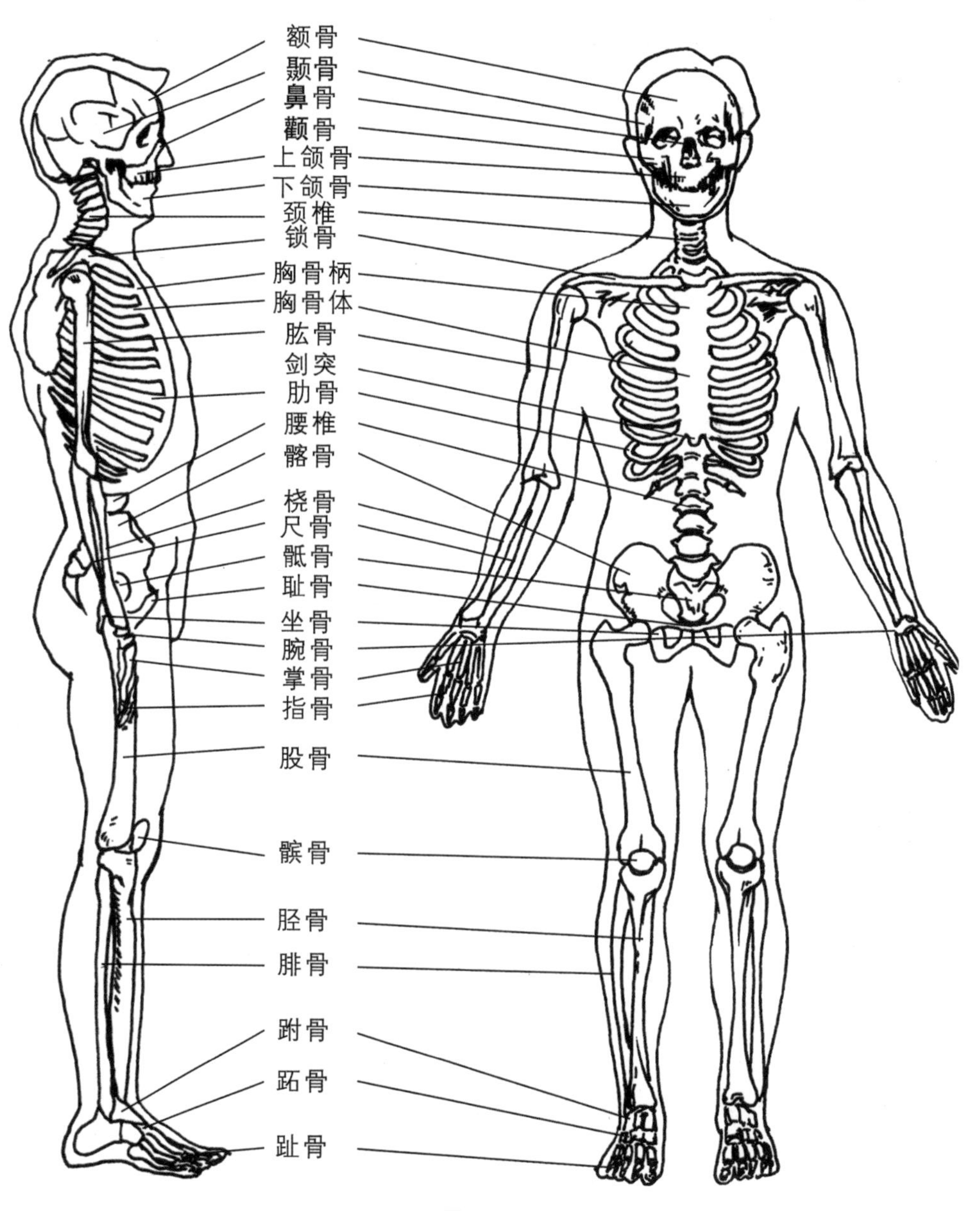

图 3-1

3.1.2 人体结构比例

为了更加准确地绘制人体的比例和结构，也为了更好地区分各个部分的特征，我们通常将人体分为 6 个区块：头部、颈部、躯干、胯部、手臂和手、腿部和脚。

人体的头部主要呈现出鹅蛋形状，脖子可以看成一个圆柱体，躯干和胯部可以理解为一个梯形，手臂和腿部类似于圆柱体，其关节用圆形来表示。

人体结构分解图，如图 3-2 所示。

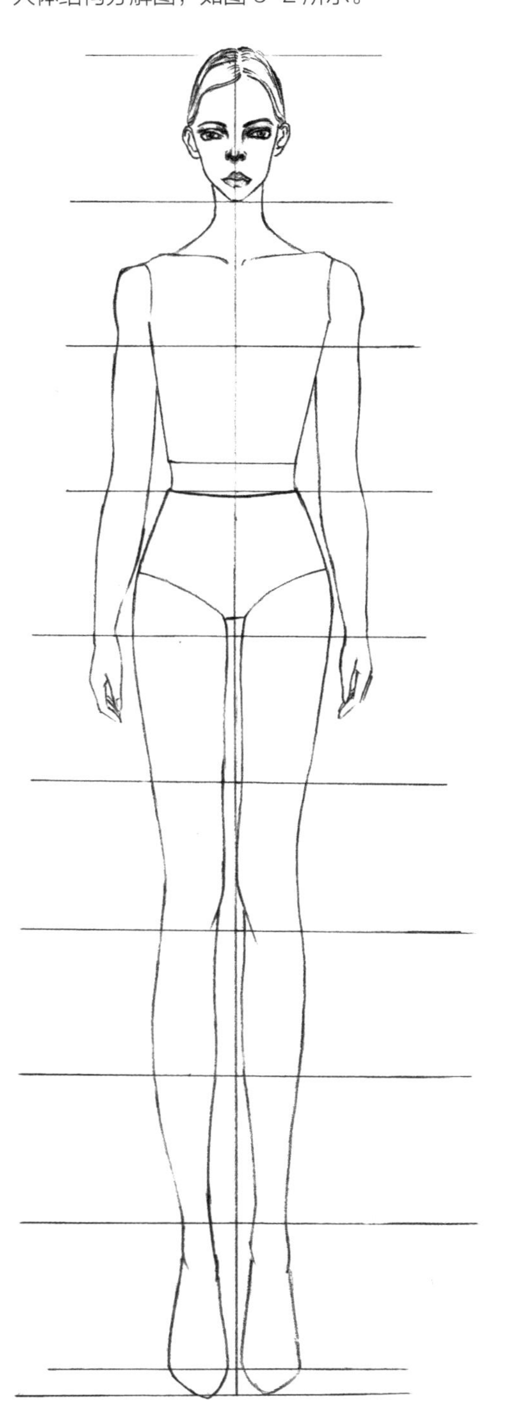

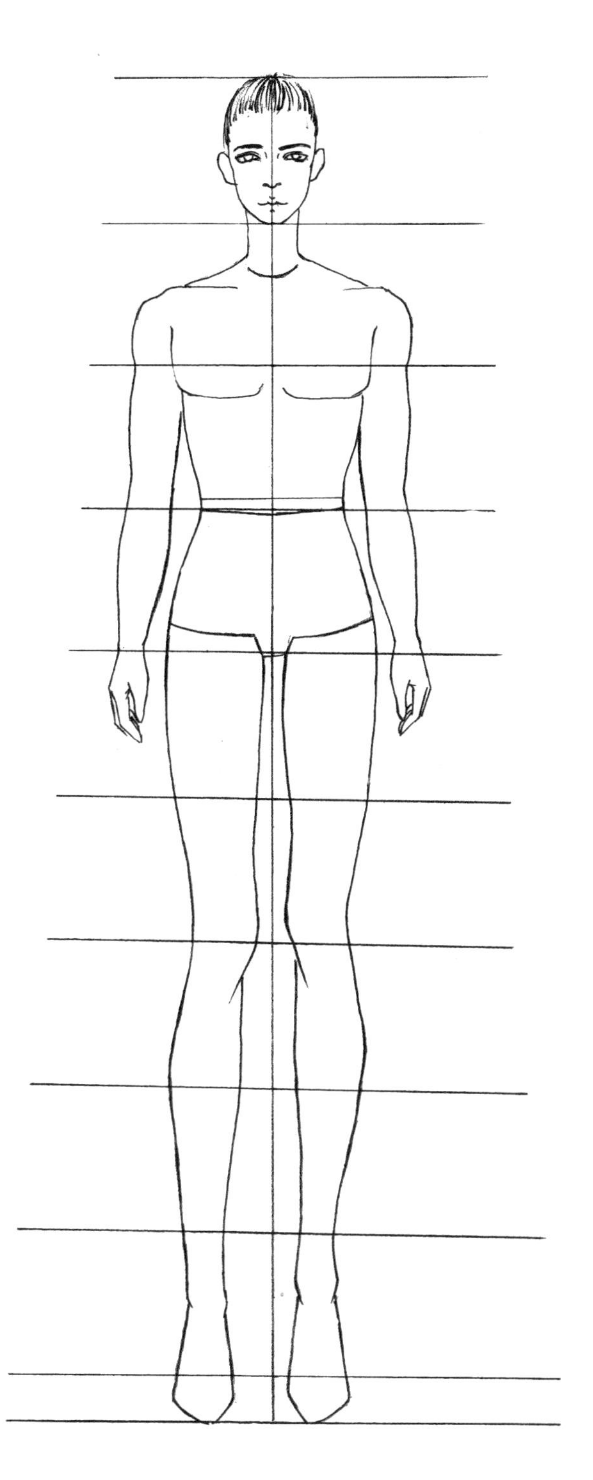

图 3-2

女性人体比例结构

女性人体的基本特征是骨架、骨节比男性小，脂肪发达，体形丰满，外轮廓呈圆润柔顺的弧线；结构特征的表现一般是头骨圆而小、脖子细而长、颈项平坦、肩膀低、胸部隆起、胸廓较窄、腰部较高且两侧向内收，具有顺畅的曲线特征、手和脚较小、盆骨宽、小腿肚小等特征。

时装画的基本女性比例通常为 9 头身，因为 9 头身人体比例最接近实际比例，且具有艺术夸张效果，是服装人体绘画中最常选用的比例结构。

女性 9 头身正面、侧面与背面的结构表现，如图 3-3 所示。

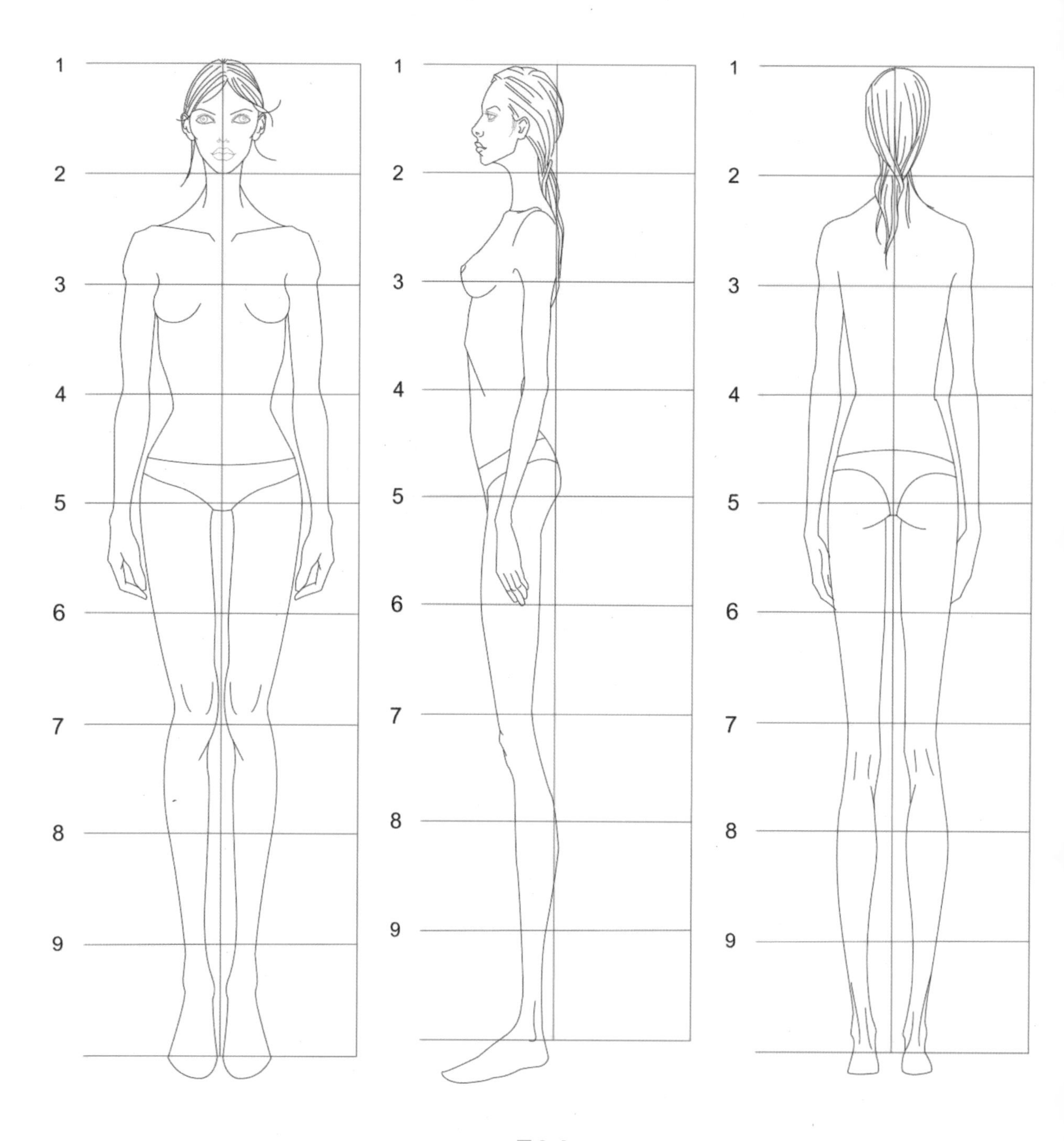

图 3-3

男性人体比例结构

时装画中男性人体基本特征是骨架、骨骼较大，肌肉发达突出，外轮廓线顺直，头部骨骼方而大、突出，前额方而平直，脖子粗，肩宽，喉结突出，胸部肌肉丰满而发达、宽厚，腰部两侧的外轮廓线短而平直，盆骨高而窄、小腿肚大等且手和脚较女性偏大。男性人体躯干基本形为倒梯形。

男性 9 头身正面、侧面与背面的结构特征，如图 3-4 所示。

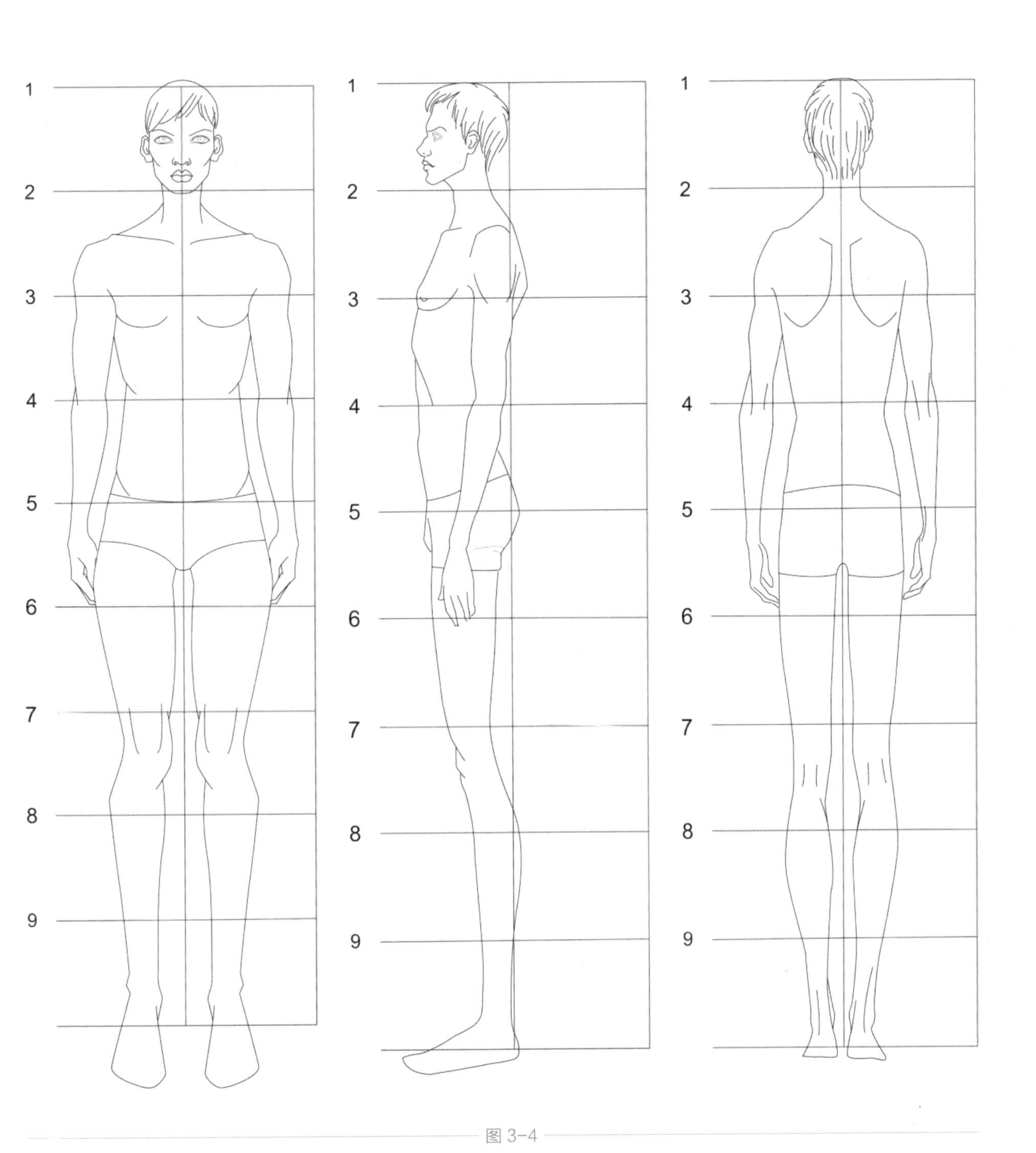

图 3-4

3.1.3 人体动态

人体动态主要是指人在活动过程中保持的某一姿势不变，或者是人体在活动过程中肉眼捕捉的某一姿势。要绘制出准确的人体动态就得确定重心线，在重心线上绘制人体可以保持人体的平衡。

重心线有两种：一种是在两腿之间，另一种是在一条腿上。

重心线在一条腿上时，另一条腿呈现放松状态。

重心线在两腿之间的表现，如图 3-5 所示。

图 3-5

重心线在一条腿上的表现，如图 3-6 所示。

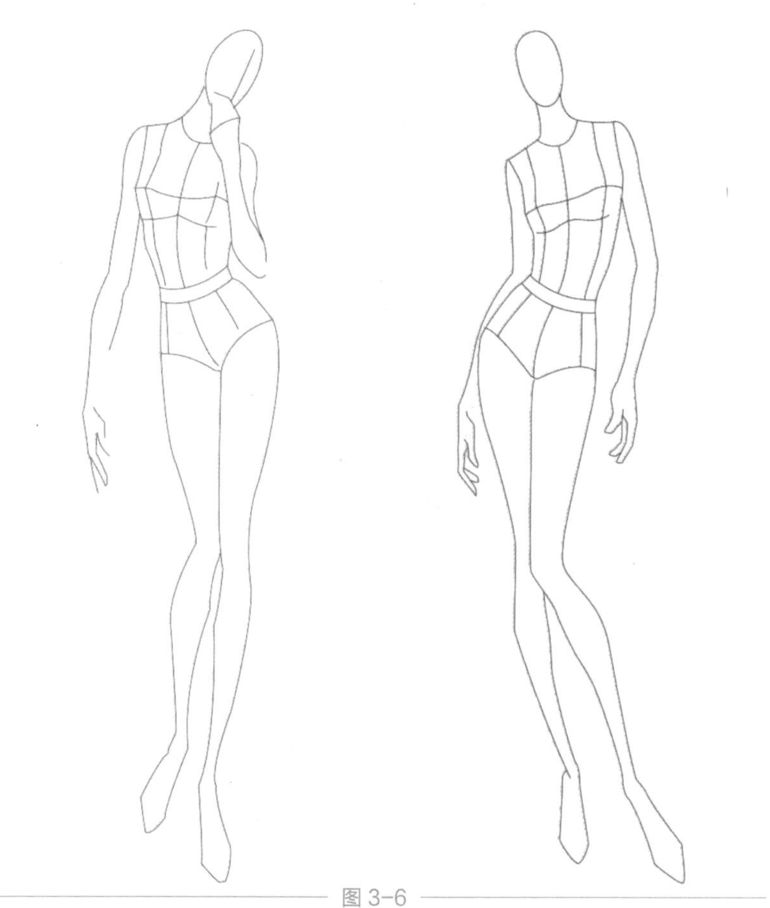

图 3-6

多种人体动态图，如图 3-7 所示。

图 3-7

图 3-7（续）

3.1.4 人体上色表现

对人体皮肤进行上色，要注意按照明暗规律绘制出立体感。

不同方向的光源照在人体上的表现，如图 3-8 所示。

图 3-8

皮肤上色的方法，如图 3-9 所示。

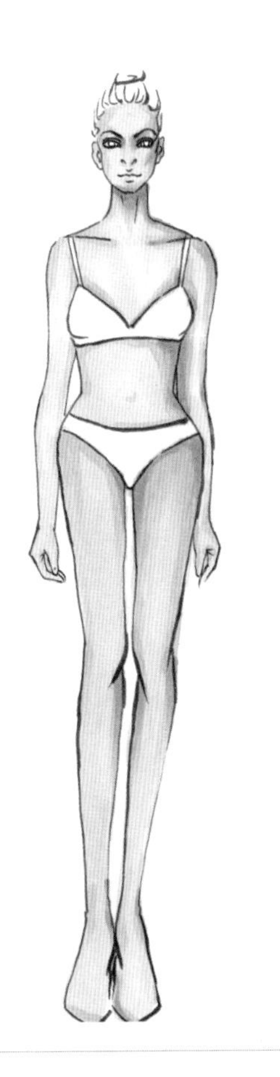

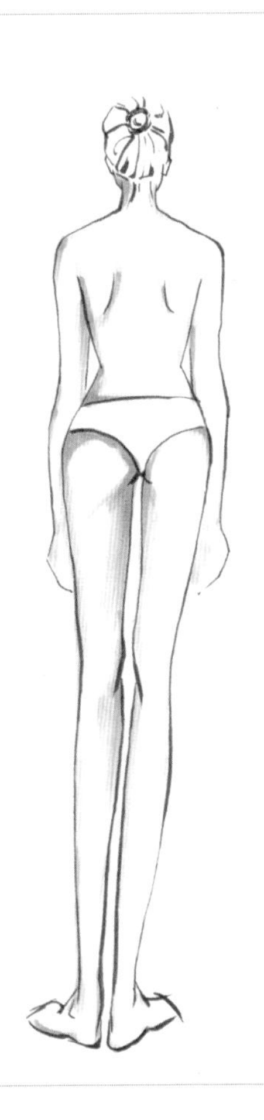

图 3-9

3.2 头部与五官

头部是指人体脖子以上的部分，和五官组成人体最重要的部位之一。时装画的对象是模特，这就要求头部和五官的比例造型应表现完美。可以说，脸部的表现决定了时装效果图整体的好坏。

3.2.1 头部透视和结构

随着空间的变化以及我们观察对象时视线高低与视角的变化，头部便出现了各种透视现象。头部的结构比较复杂，如果对头部的透视和比例把握不恰当会造成整体的缺陷。学习头部的正确画法是学好时装画的关键，应从多个角度去分析头部的透视，并从头部正面开始绘制各个面的头像比例和透视，尽可能地掌握变化规律。

头部空间透视表现，如图 3-10 所示。

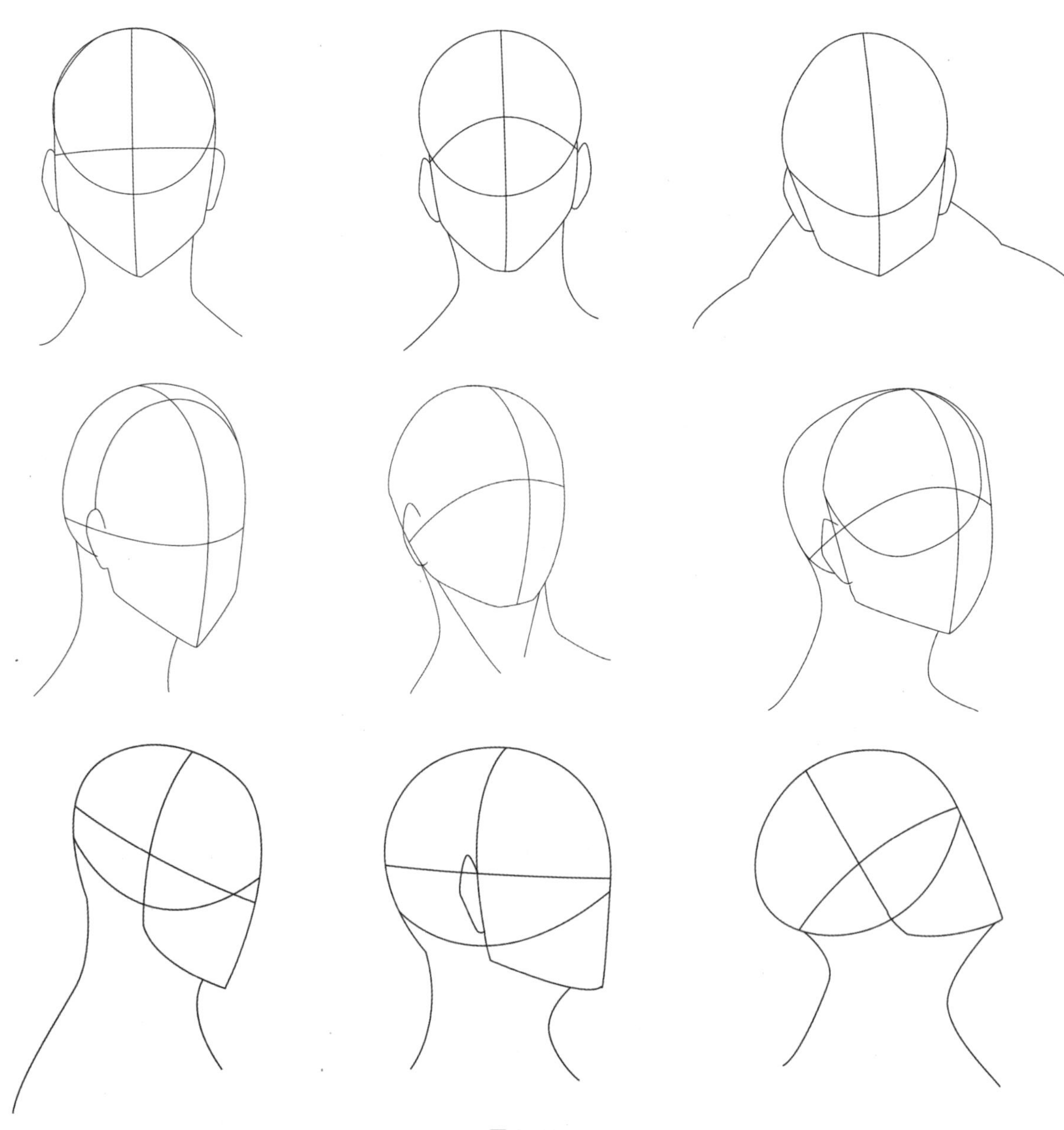

图 3-10

头部的绘制步骤

step 01 先画一个长方形的外框、一条中心线和平分线，再绘制出头部的外轮廓形状，如图 3-11 所示。

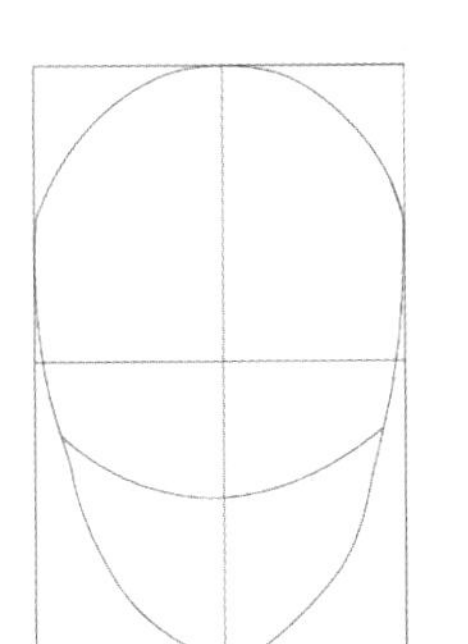

图 3-11

step 02 画出发际线和三庭的位置，三庭是指眉线、鼻底线和下颚线，如图 3-12 所示。

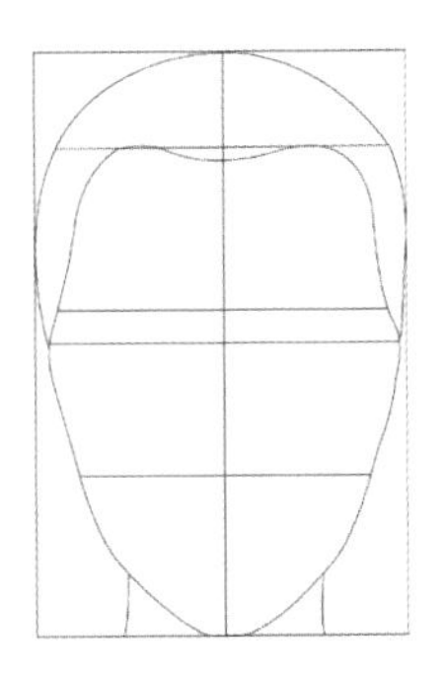

图 3-12

step 03 画出五眼的位置，以及眼睛和眉毛的形状。五眼是指人体正面平视时，脸的宽度为五只眼睛长度的总和，如图 3-13 所示。

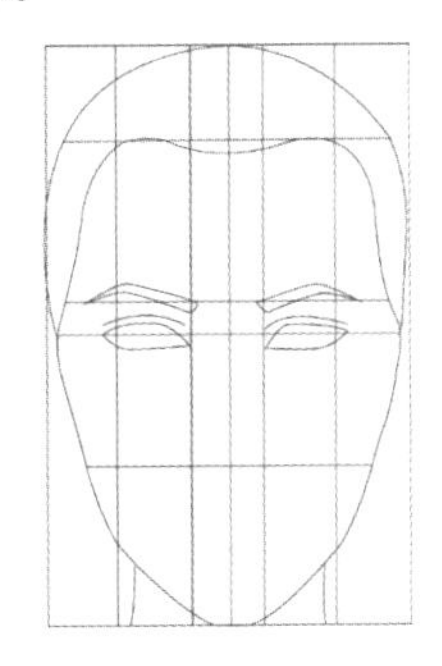

图 3-13

step 04 画出鼻子、耳朵、嘴巴的形状，如图 3-14 所示。

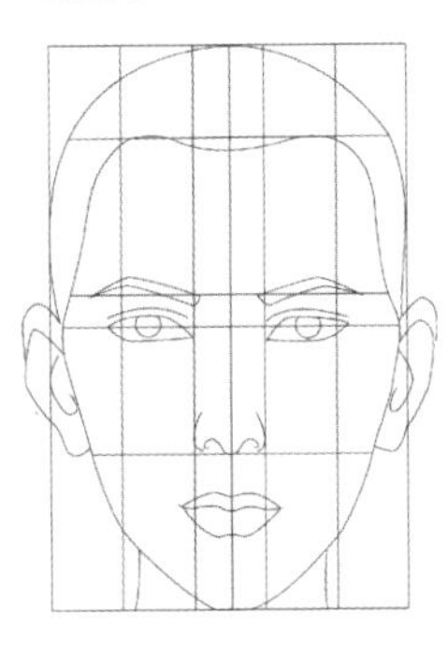

图 3-14

图 3-15

step 05 画出头发的形状，擦除多余的线条，如图 3-15 所示。

3.2.2 眼睛

时装画中眼睛要表现出所刻画人物的精、气、神，是头像绘制中最能表现人物表情的部位。因此，画好眼睛的特征，就能更好地表现人物的气质。

正面眼睛的绘制步骤

step 01 用铅笔画出眼睛的基本形状，注意眼睛的角度与透视关系，如图 3-16 所示。

step 02 描出眼睛的整体形状，并画出眼头，如图 3-17 所示。

step 03 用铅笔勾勒出整个眼睛的形状，注意上眼皮阴影的处理。画眼珠时要先将眼珠的高光留出来，使眼睛看起来有通透感，如图 3-18 所示。

step 04 先用毛笔勾勒眼睛的形状，再用 TOUCH 27 号和 TOUCH 104 号马克笔绘制眼睛的颜色，最后用高光笔点缀眼珠的高光位置，如图 3-19 所示。

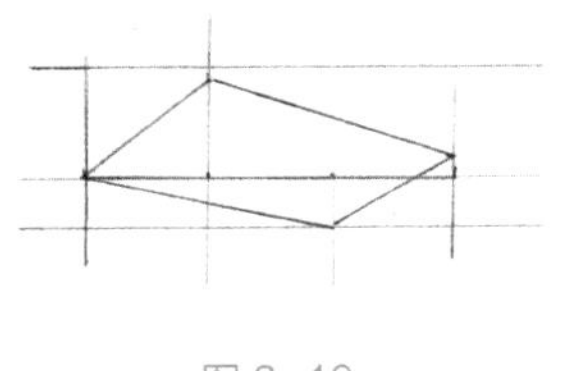

图 3-16

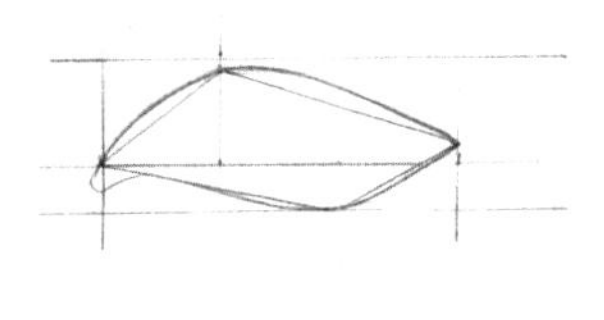

图 3-17

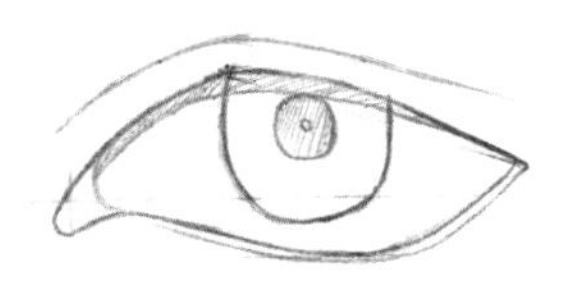

图 3-18

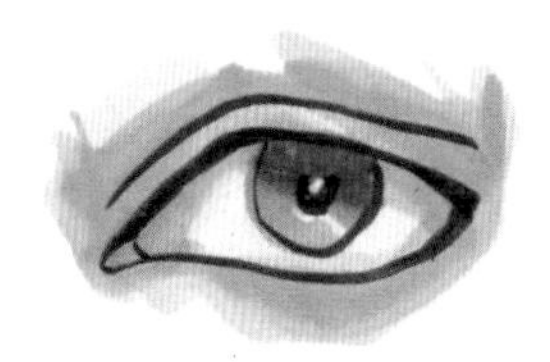

图 3-19

侧面眼睛的绘制步骤

step 01 用铅笔画出眼睛的基本形状，注意侧面眼睛的角度与透视关系，如图 3-20 所示。

step 02 描出眼睛的整体形状，注意眼球的变化，如图 3-21 所示。

step 03 用铅笔勾勒出整个眼睛的形状，注意上眼皮里面阴影的处理，如图 3-22 所示。

step 04 先用毛笔勾勒眼睛的形状，再用 TOUCH 27 号和 TOUCH 104 号马克笔绘制眼睛的颜色，最后用高光笔点缀眼珠的高光位置，如图 3-23 所示。

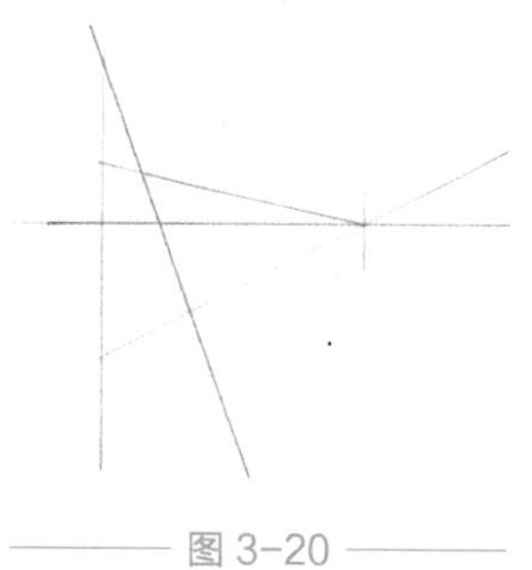

图 3-20

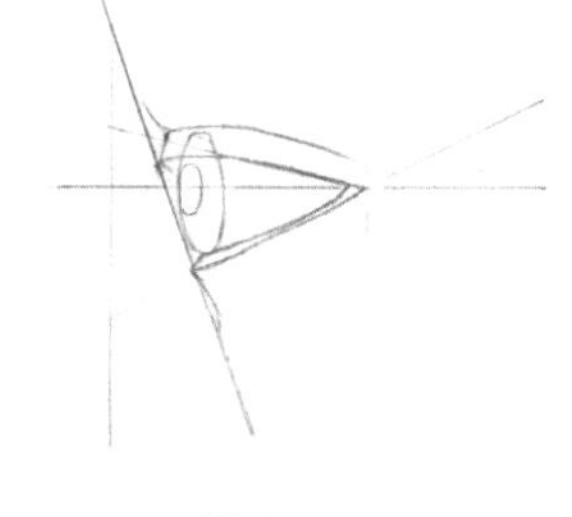

图 3-21

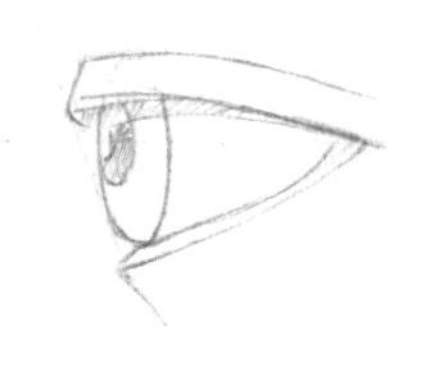

图 3-22

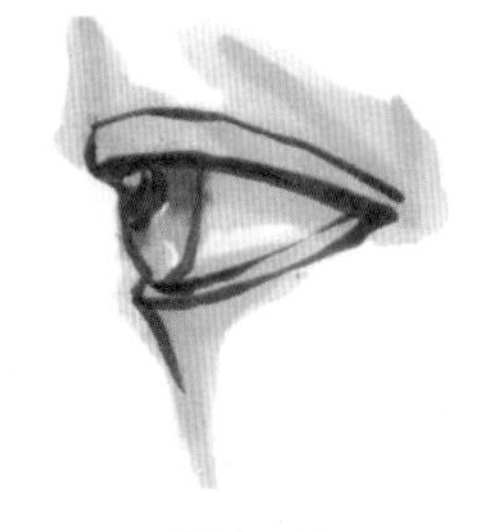

图 3-23

各个角度的眼睛，如图 3-24 所示。

图 3-24

3.2.3 鼻子

时装画中的鼻子有多种风格，最难的是绘制出鼻子的基础结构又不喧宾夺主，以免影响整体的效果。所以，鼻子的绘制要点在于简化结构。

正面鼻子的绘制步骤

step 01 先把鼻子概括成梯形，再在梯形上面勾勒出鼻子各个主要部分的大体位置，分出鼻跟、鼻梁、鼻头和鼻翼的大体位置，注意鼻子的角度与透视关系，如图 3-25 所示。

step 02 画出鼻孔与鼻中隔，注意鼻子的转折关系，如图 3-26 所示。

step 03 细致刻画鼻子的形状，擦除多余的线条，如图 3-27 所示。

step 04 先用毛笔勾勒鼻子的形状，再用 TOUCH 27 号马克笔完成鼻子颜色的处理，如图 3-28 所示。

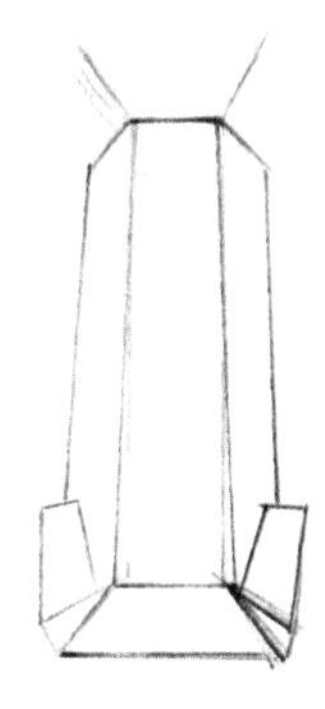

图 3-25

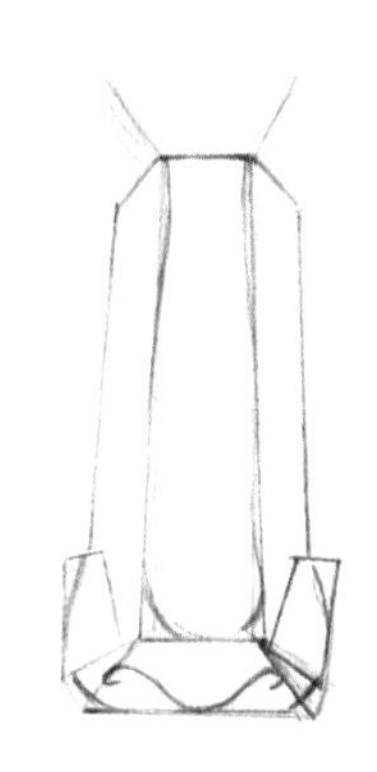

图 3-26

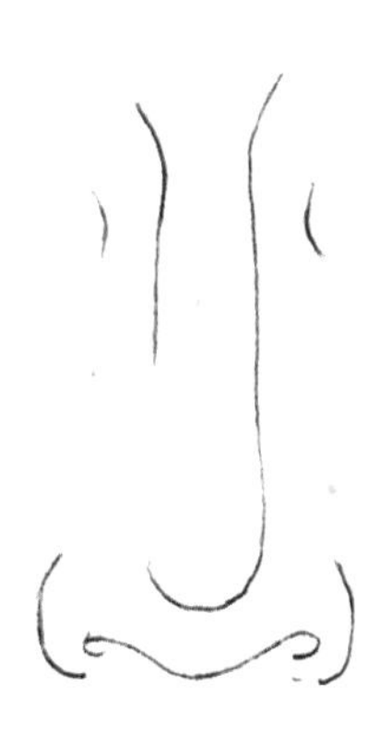

图 3-27

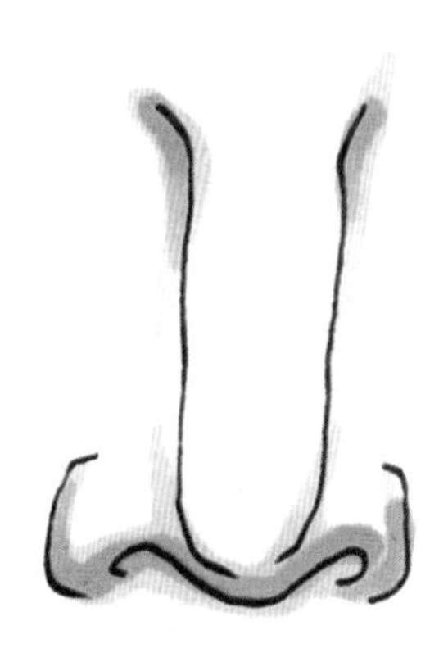

图 3-28

侧面鼻子的绘制步骤

step 01 先把鼻子概括成梯形，再在梯形上面勾勒出鼻子各个主要部分的大体位置，分出鼻跟、鼻梁、鼻头和鼻翼的大体位置，注意鼻子的角度与透视关系，如图 3-29 所示。

step 02 画出鼻孔与鼻中隔，注意鼻子的转折关系，如图 3-30 所示。

step 03 细致刻画鼻子的形状，擦除多余线条，如图 3-31 所示。

step 04 先用毛笔勾勒鼻子的形状，再用 TOUCH 27 号马克笔完成鼻子颜色的处理，如图 3-32 所示。

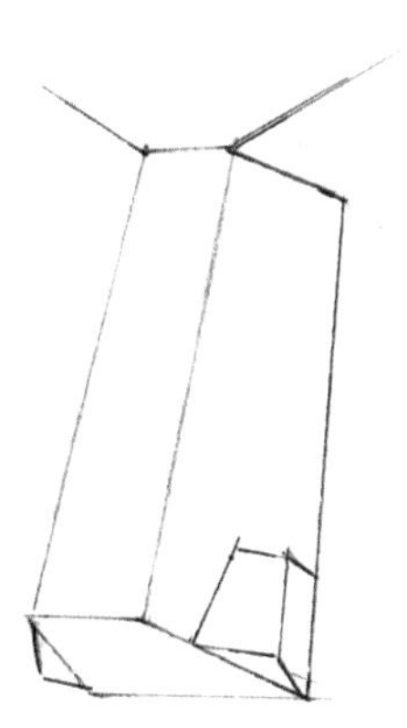

图 3-29

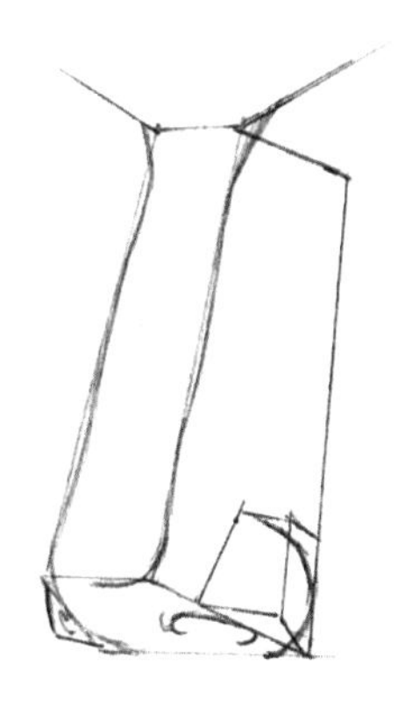

图 3-30

图 3-31

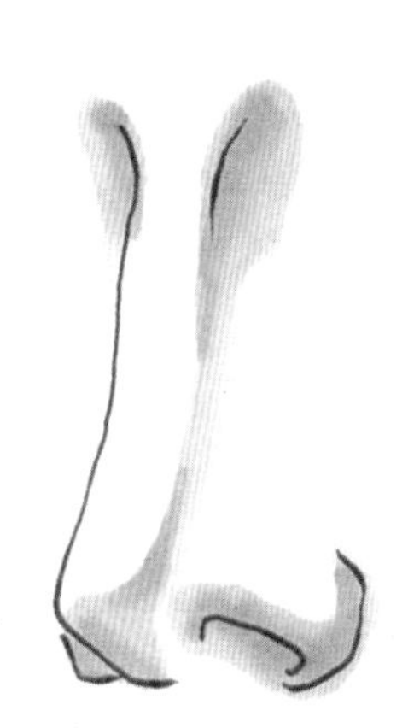

图 3-32

全侧鼻子的绘制步骤

step 01 先把鼻子概括成梯形，再在梯形上面勾勒出鼻子各个主要部分的大体位置，分出鼻跟、鼻梁、鼻头和鼻翼的大体位置，注意鼻子的角度与透视关系，如图 3-33 所示。

step 02 画出鼻孔与鼻中隔，注意鼻子的转折变化，如图 3-34 所示。

step 03 细致刻画鼻子的形状，擦除多余的线条，如图 3-35 所示。

step 04 先用毛笔勾勒鼻子的形状，再用 TOUCH 27 号马克笔完成鼻子颜色的处理，如图 3-36 所示。

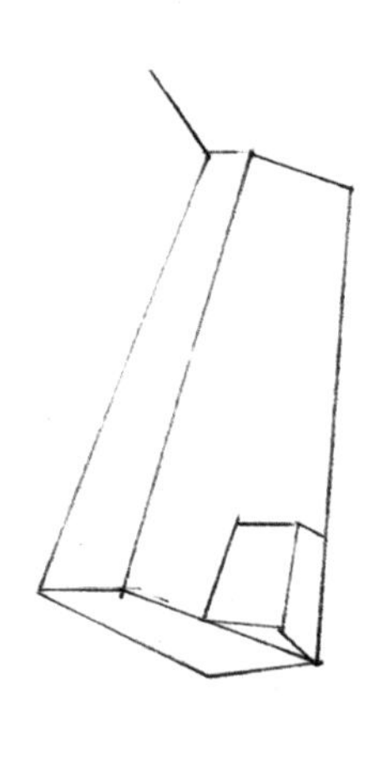

图 3-33

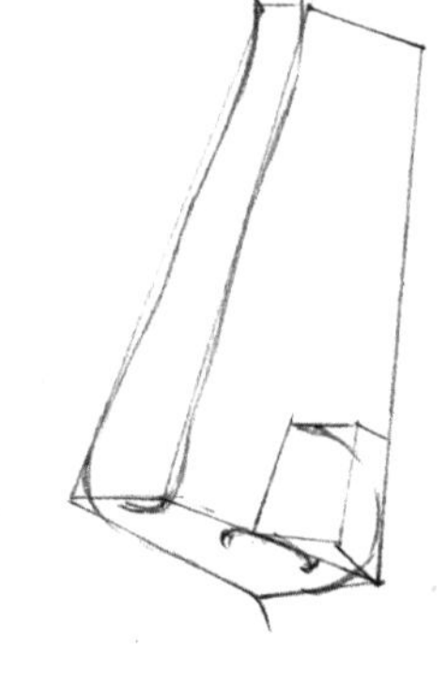

图 3-34

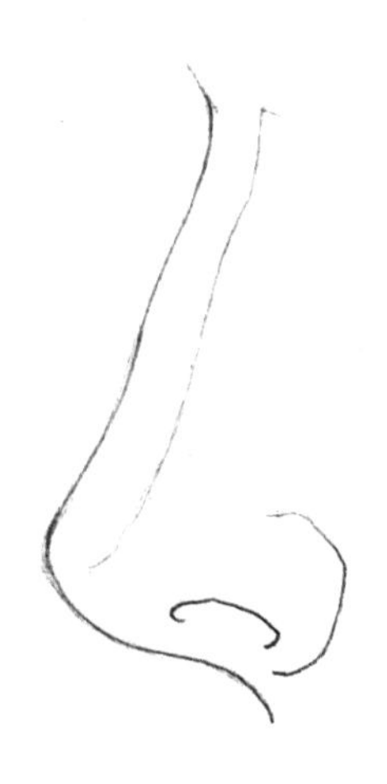

图 3-35

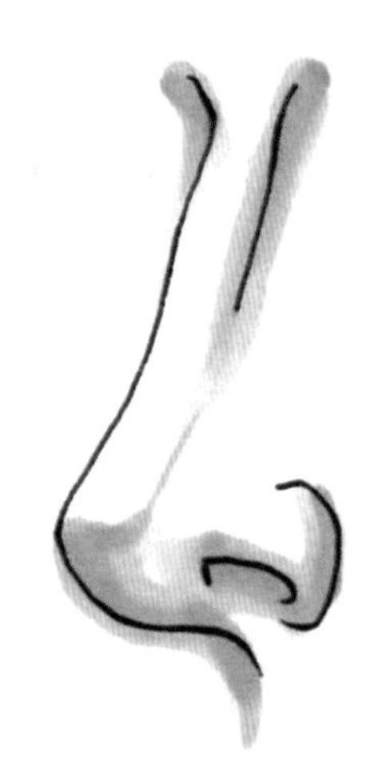

图 3-36

多角度鼻子的上色表现，如图 3-37 所示。

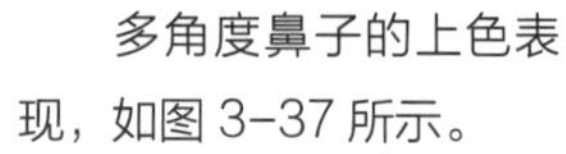

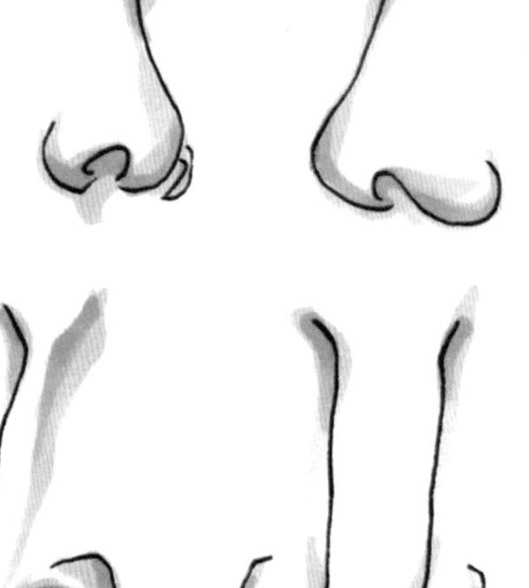

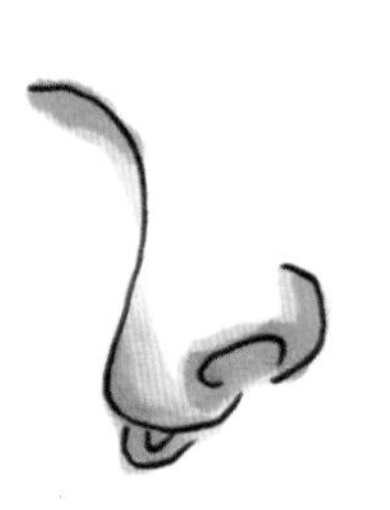

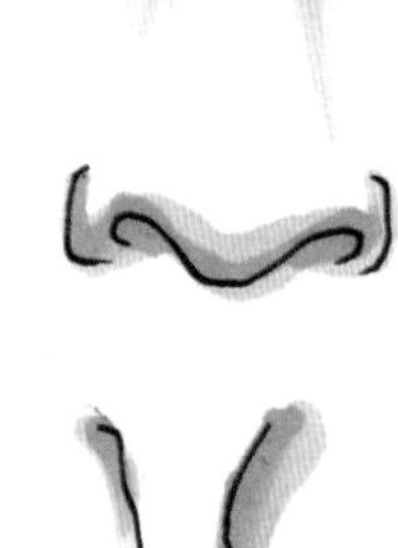

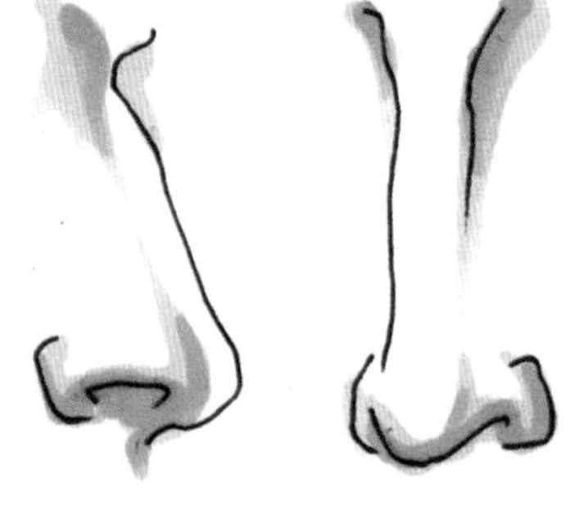

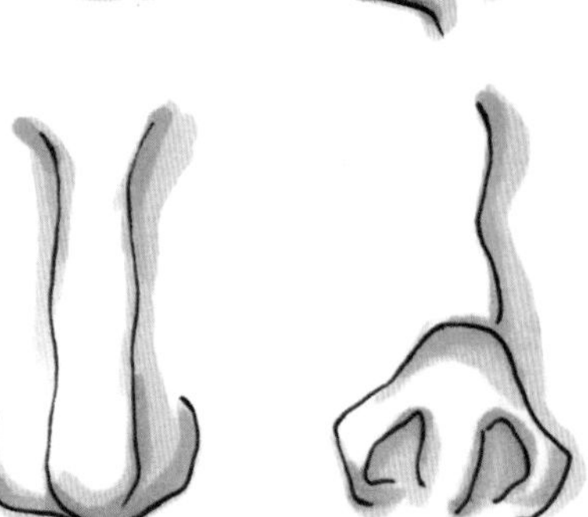

图 3-37

3.2.4 耳朵

在绘制耳朵时，要找准它在头部的位置和在透视关系下的变化，并熟悉其外轮廓形状和内部结构，才能更好地表现。

正面耳朵的绘制步骤

step 01 用铅笔勾勒出耳朵的外轮廓形状，如图 3-38 所示。

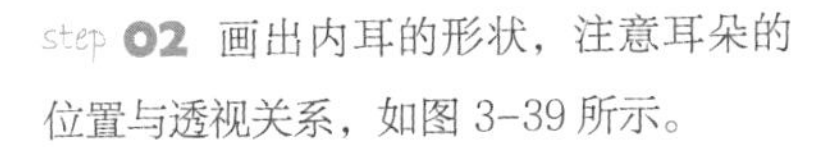

step 02 画出内耳的形状，注意耳朵的位置与透视关系，如图 3-39 所示。

step 03 细致刻画整体耳朵的形状，擦除多余的线条，如图 3-40 所示。

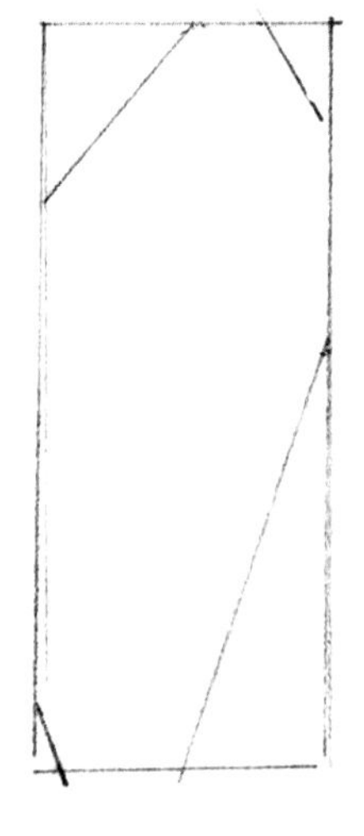

图 3-38

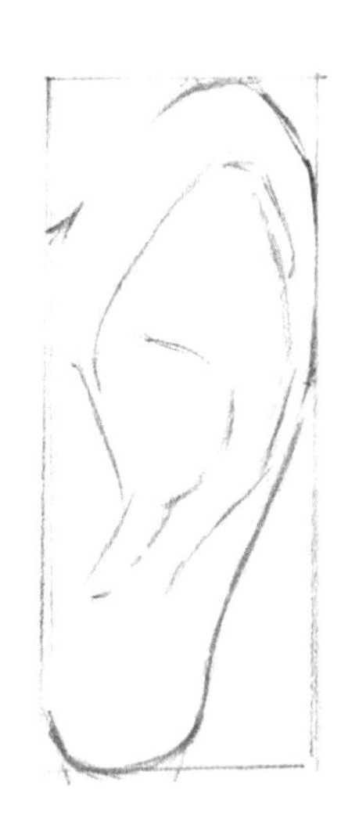

图 3-39

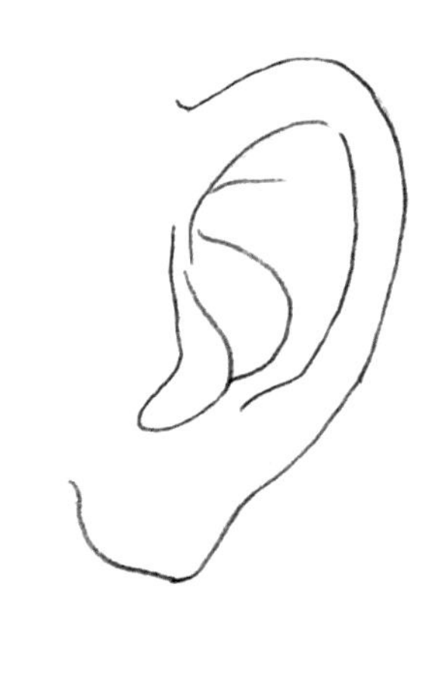

图 3-40

侧面耳朵的绘制步骤

step 01 用铅笔勾勒出耳朵的外轮廓形状，如图 3-41 所示。

step 02 画出内耳的形状，注意耳朵的位置与透视关系，如图 3-42 所示。

step 03 细致刻画整体耳朵的形状，擦除多余的线条，如图 3-43 所示。

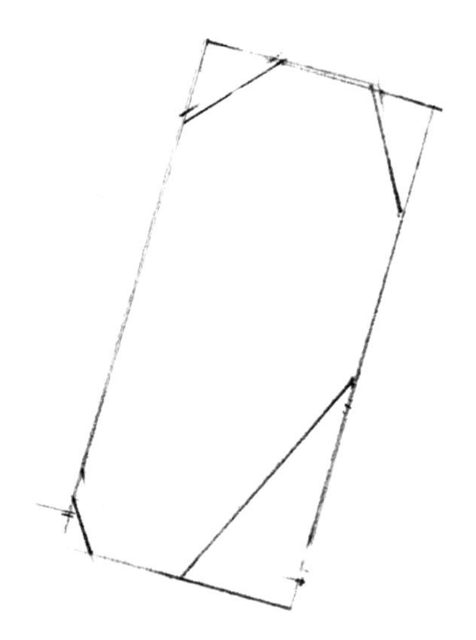

图 3-41

图 3-42

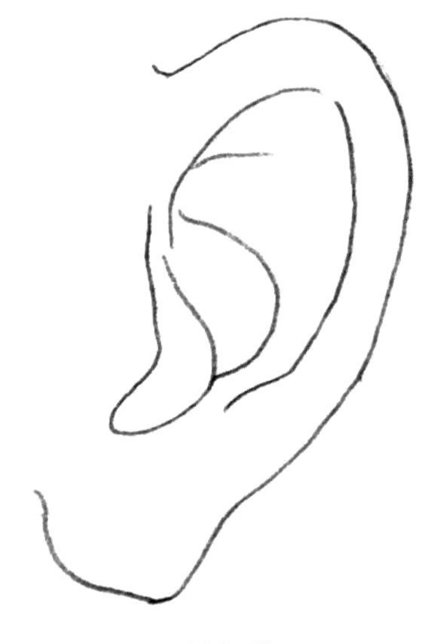

图 3-43

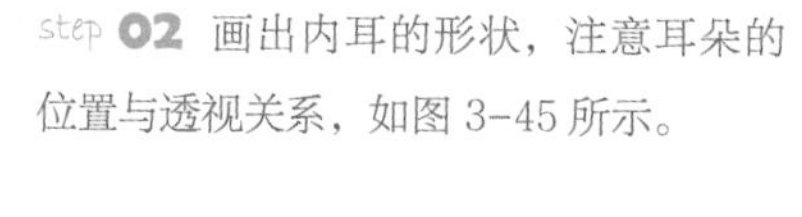

背面耳朵的绘制步骤

step 01 用铅笔勾勒出耳朵的外轮廓形状，如图 3-44 所示。

step 02 画出内耳的形状，注意耳朵的位置与透视关系，如图 3-45 所示。

step 03 细致刻画整体耳朵的形状，擦除多余的线条，如图 3-46 所示。

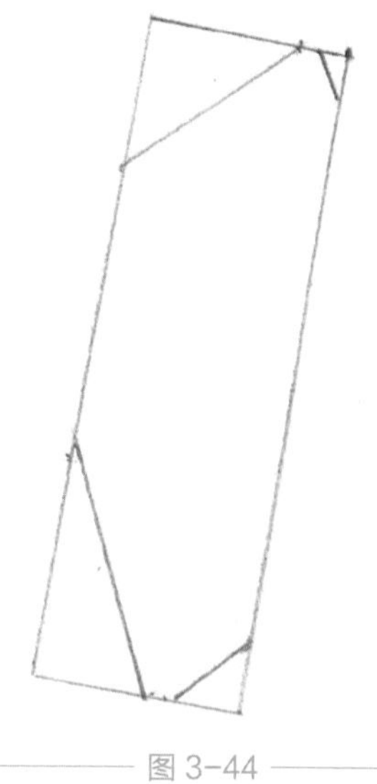

图 3-44

图 3-45

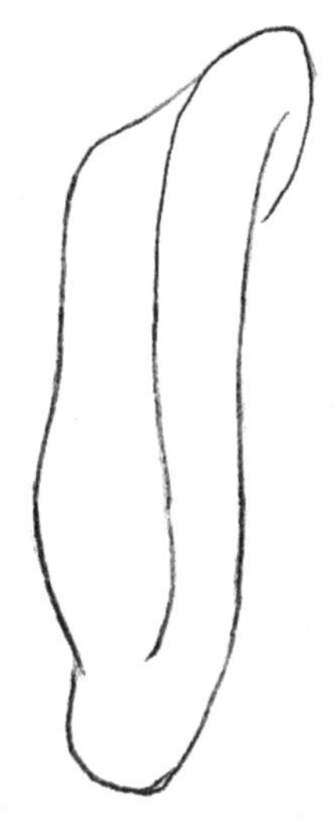

图 3-46

多角度耳朵的上色表现，如图 3-47 所示。

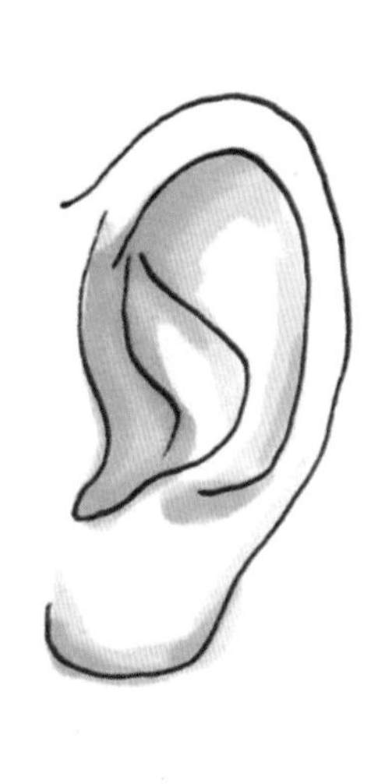

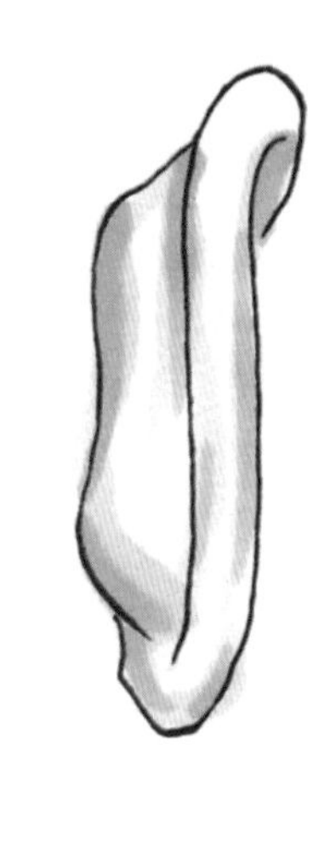

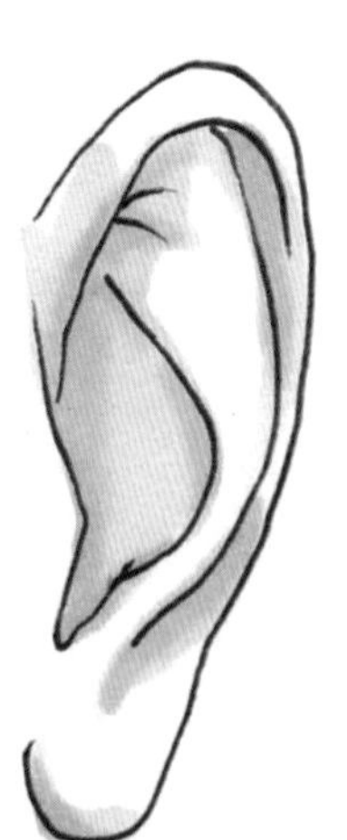

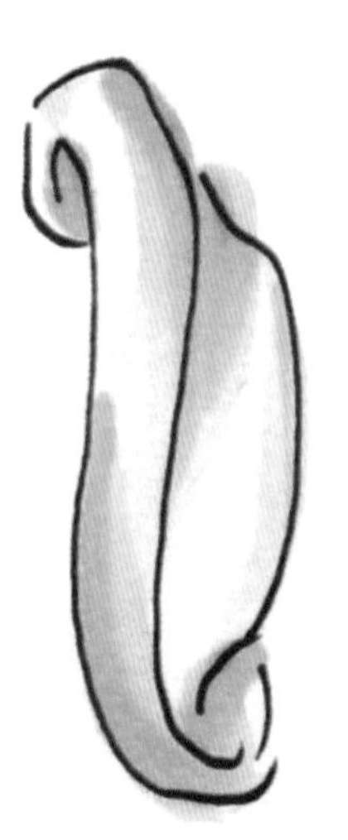

图 3-47

3.2.5 嘴巴

在时装画中嘴巴通常能够表现模特的心情，张开的嘴巴看起来总是比合着的嘴巴性感。在绘制嘴巴时，也要了解嘴巴的特征并掌握好各个透视面的画法。

正面嘴巴的绘制步骤

step 01 用铅笔勾勒出嘴巴基本的外轮廓形状，如图 3-48 所示。

step 02 描出整体的嘴巴形状，注意唇中与嘴角的处理以及嘴的位置与透视关系，如图 3-49 所示。

step 03 细致刻画嘴巴的形状，擦除多余的线条，如图 3-50 所示。

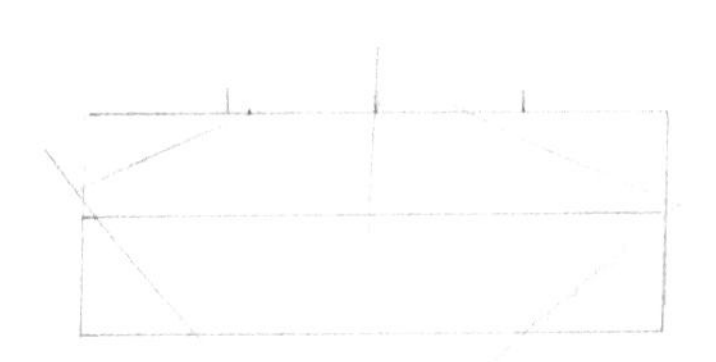

图 3-48

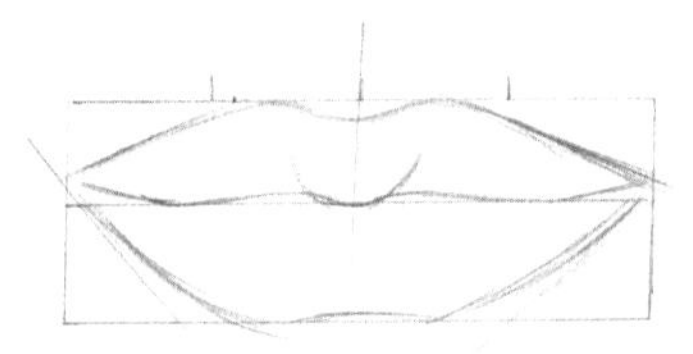

图 3-49

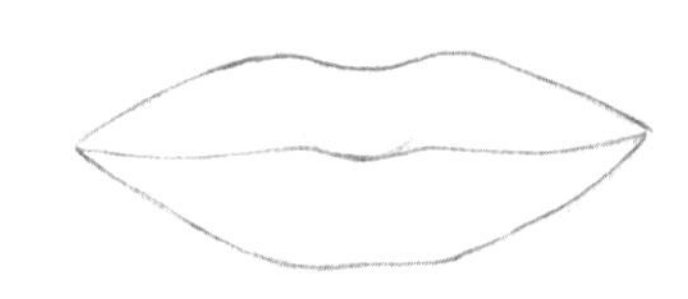

图 3-50

侧面嘴巴的绘制步骤

step 01 用铅笔勾勒出嘴巴基本的外轮廓形状，如图 3-51 所示。

step 02 描出整体的嘴巴形状，注意唇中与嘴角的处理以及位置与透视关系，如图 3-52 所示。

step 03 细致刻画嘴巴的形状，擦除多余的线条，如图 3-53 所示。

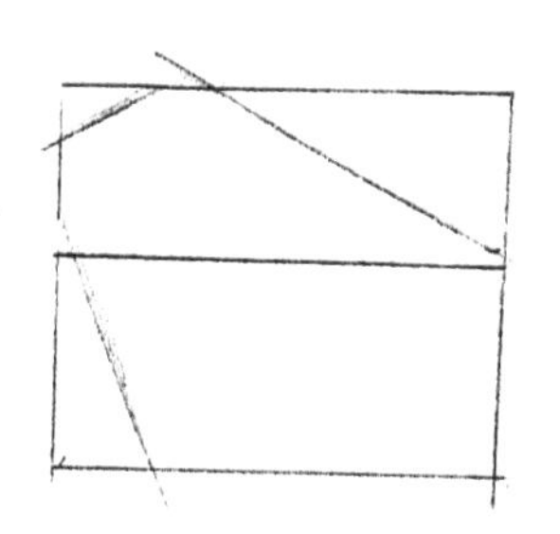

图 3-51

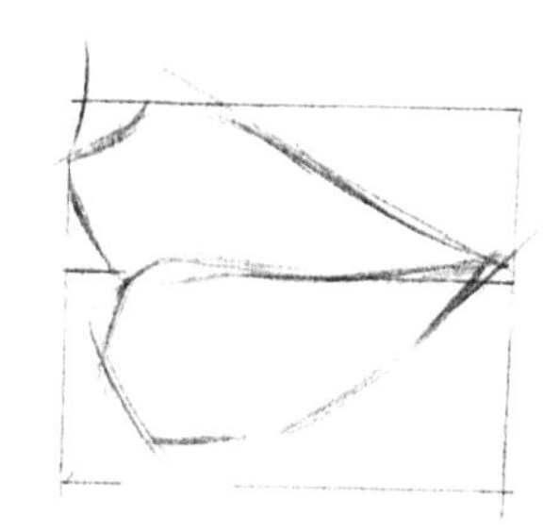

图 3-52

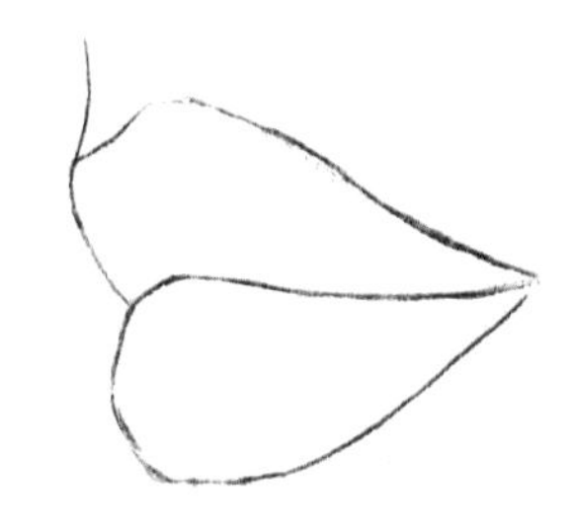

图 3-53

多角度嘴巴的上色表现，如图 3-54 所示。

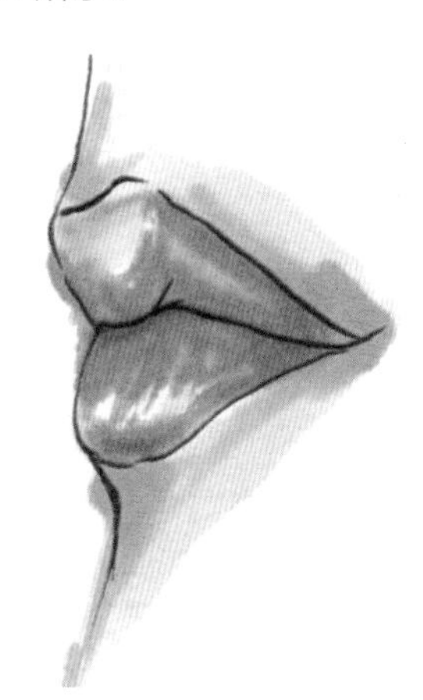

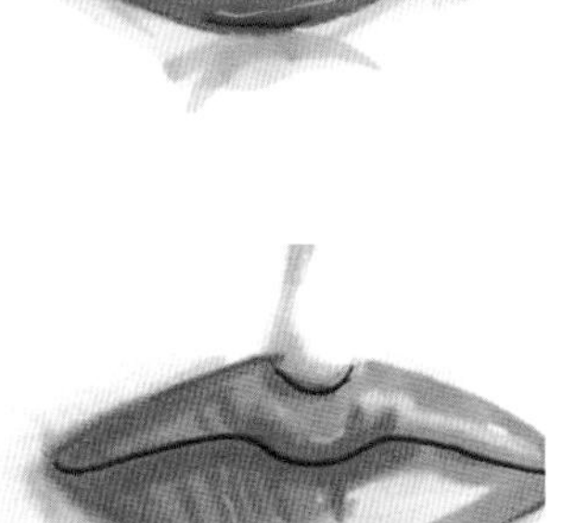

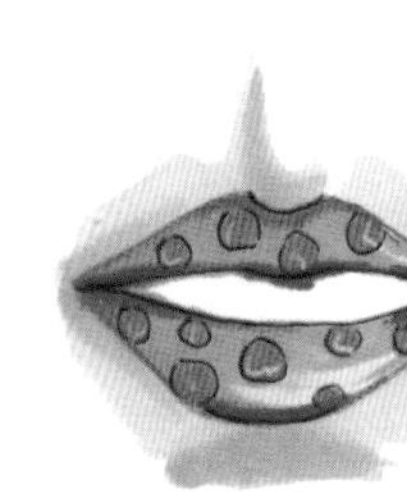

图 3-54

3.2.6 头像

在绘制时装画头像时，要重点分析头像之间的差异变化。把握好不同角度的头部比例以及表情特征，基本了解不同地域人物头部的不同画法，对提高时装画的绘制水平有很大帮助，如图 3-55 所示。

图 3-55

3.2.7 发型

在时装画中，模特的发型和发色对于时尚的传递和表现有着至关重要的作用。发型与脸型、服装的搭配，可以形成模特的整体风格。

头发的绘制步骤

step 01 先用铅笔画出头部以及头发的表现，再用黑色毛笔勾勒轮廓，如图 3-56 所示。

step 02 先用 TOUCH 101 号马克笔平铺皮肤的底色，再用 TOUCH 27 号马克笔画出皮肤的颜色，如图 3-57 所示。

step 03 先画好面部的妆容，再用 TOUCH 102 号马克笔加深头发的暗部颜色，如图 3-58 所示。

step 04 先用 TOUCH 92 号马克笔加深头发的暗部颜色，再用黑色针管笔画出发丝的表现，最后画出头发高光的位置，如图 3-59 所示。

图 3-56

图 3-57

图 3-58

图 3-59

多款头发的上色表现，如图 3-60 所示。

图 3-60

3.2.8 头部上色

要想绘制出有立体感的时装人物头像，就需要掌握运用光源的技巧。在不同的光源下，人物头像会产生不同的明暗变化。巧妙运用上色技巧，就可以绘制出不同光源的时装头像。

不同光源打在脸上的变化，如图 3-61 所示。

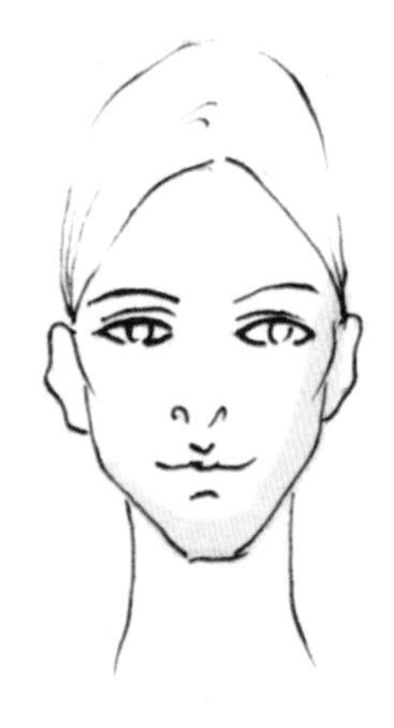

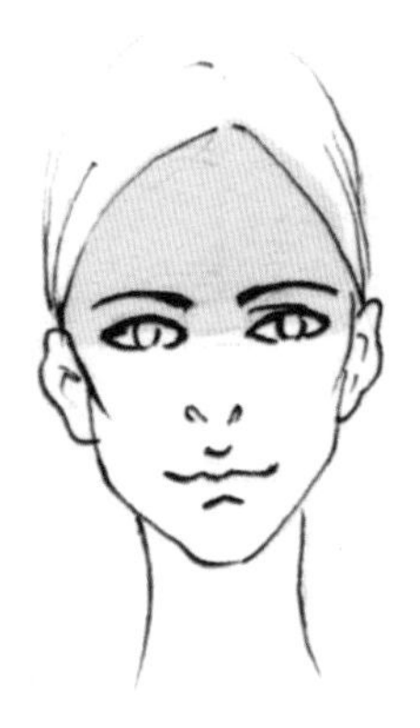

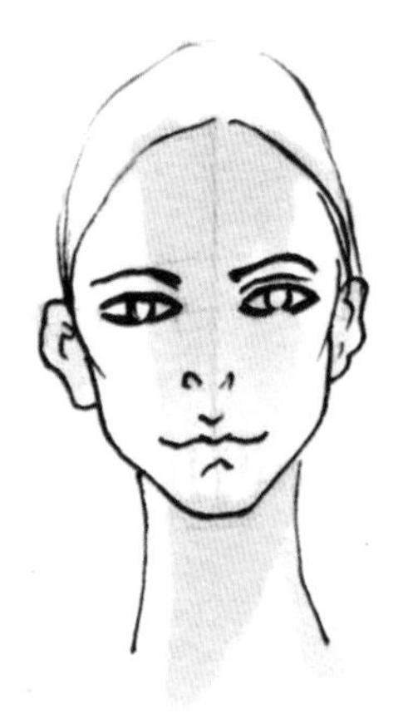

图 3-61

多角度面部上色表现，如图 3-62 所示。

图 3-62

3.2.9 手臂

绘制手臂需要注意其结构变化，包括肌肉与骨骼。手臂上最重要的两块肌肉，是从手腕延伸到肱骨处三分之一的旋后长肌，和从肱骨下端倾斜绕过桡骨的短而圆的旋前圆肌。这些肌肉可以是桡骨和尺骨相互交叉，带动手臂左右转动。

手臂结构

手臂要分解成不同的结构形状来理解，肩部结构由肩胛骨和锁骨组成，手臂上的肌肉有很多穿插，从而形成很多细致多变的形状，特别是前臂弯曲的比例关系，如图 3-63 所示。

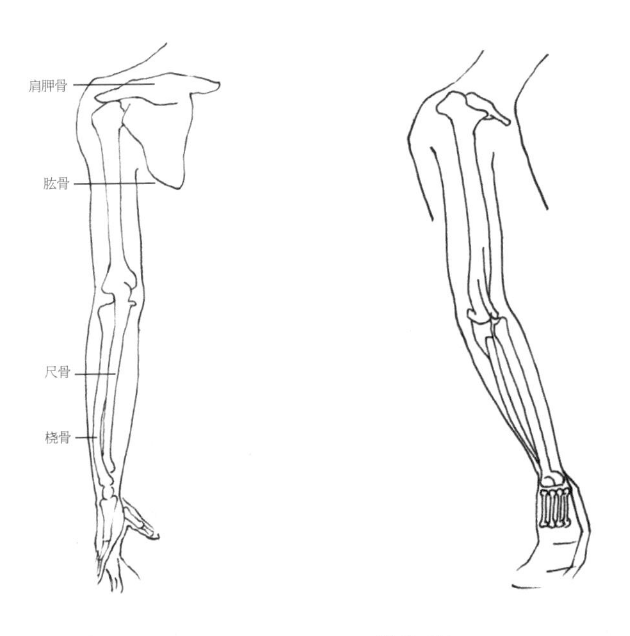

图 3-63

女性手臂

女性手臂苗条，应该避免分明的线条，但优雅的摆动姿态是必不可少的，如图 3-64 所示。

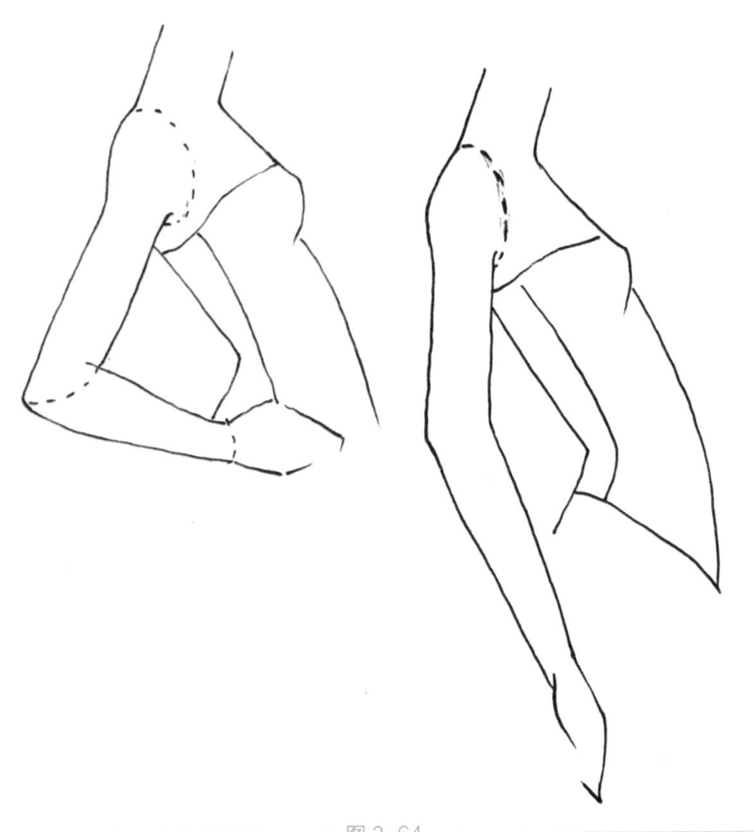

图 3-64

在躯干不变的情况下，多种女性手臂形态表现如图 3-65 所示。

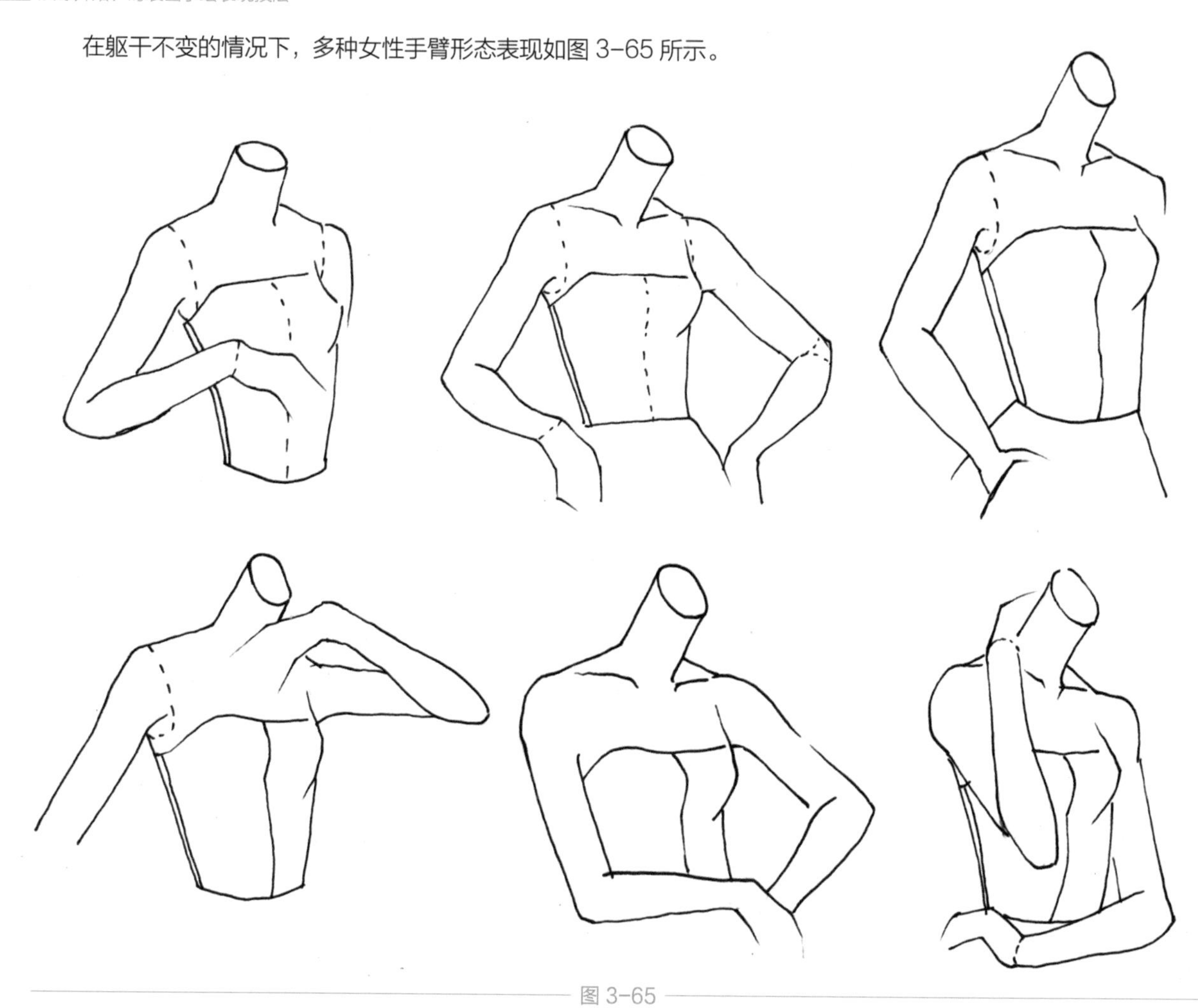

图 3-65

多种女性手臂表现，如图 3-66 所示。

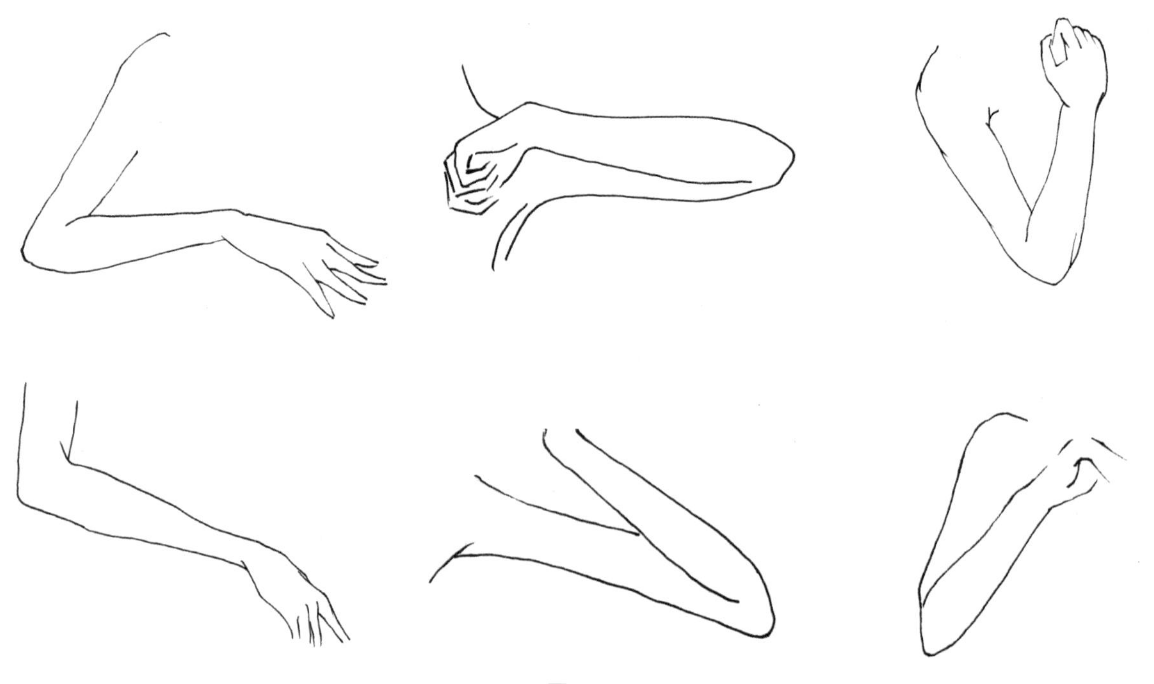

图 3-66

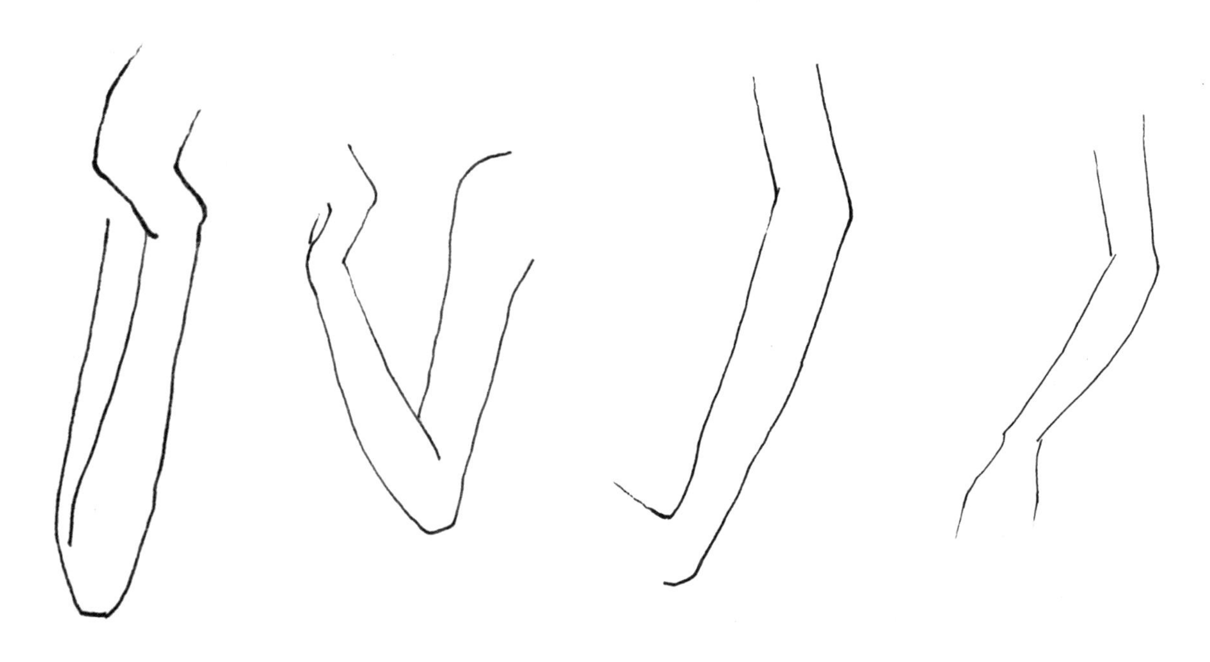

图 3-66（续）

多种男性手臂表现，如图 3-67 所示。

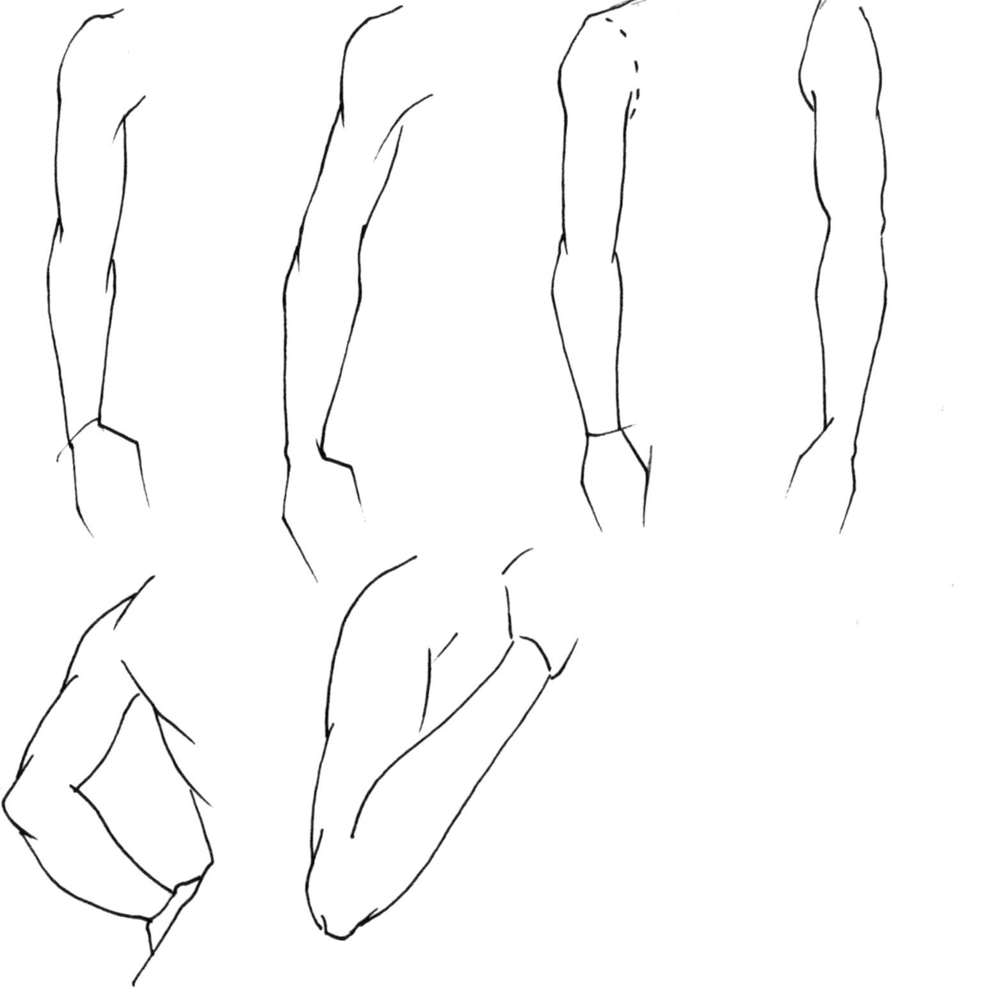

图 3-67

3.2.10 手

要想画出修长美丽的手，就要研究手部的骨骼结构。手部的肌肉并不发达，但骨骼非常明显，所以画出优雅又时尚的手部轮廓很重要。

手部的骨骼结构，如图 3-68 所示。

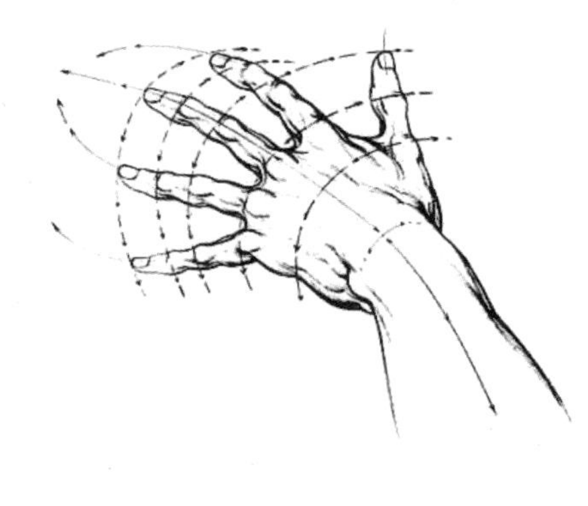

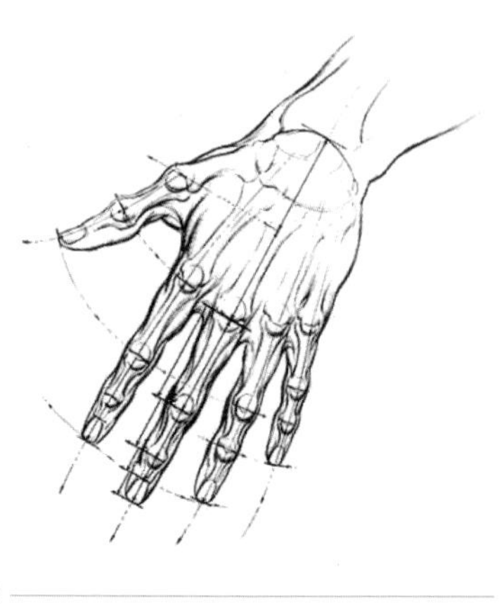

图 3-68

手部的绘制表现

垂放手部的绘制步骤

step 01 勾勒出手部的结构轮廓，如图 3-69 所示。

step 02 描绘手的形状，如图 3-70 所示。

step 03 进一步描绘手的形状，如图 3-71 所示。

图 3-69

图 3-70

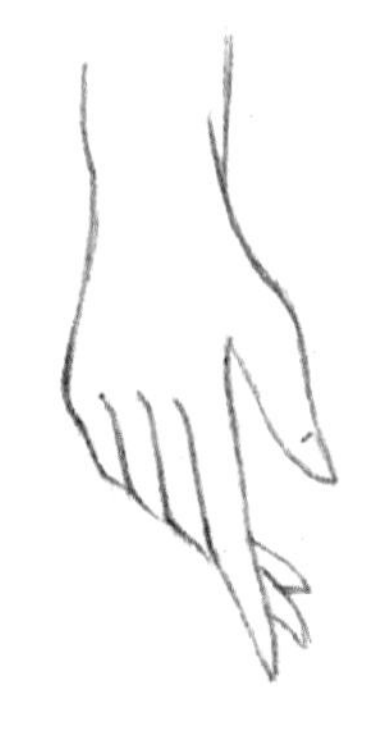

图 3-71

叉腰手部的绘制步骤

step 01 勾勒出手部的结构轮廓，如图 3-72 所示。

step 02 描绘手的形状，如图 3-73 所示。

step 03 进行细节刻画，如图 3-74 所示。

图 3-72

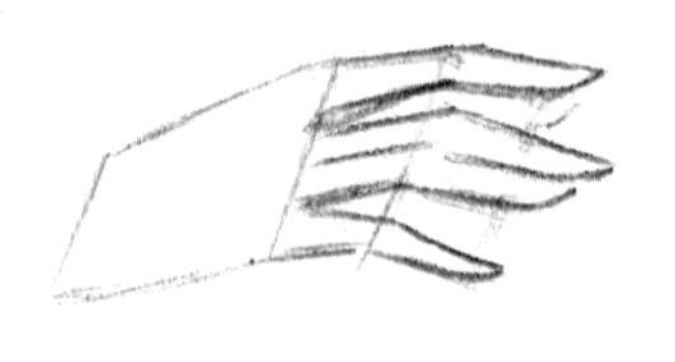

图 3-73

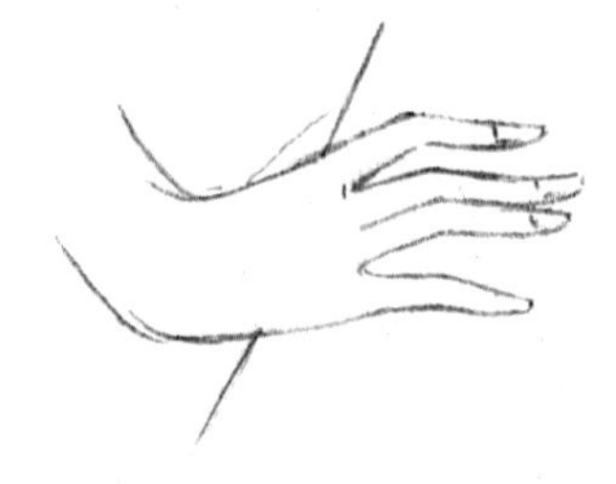

图 3-74

常见的手部表现，如图 3-75 所示。

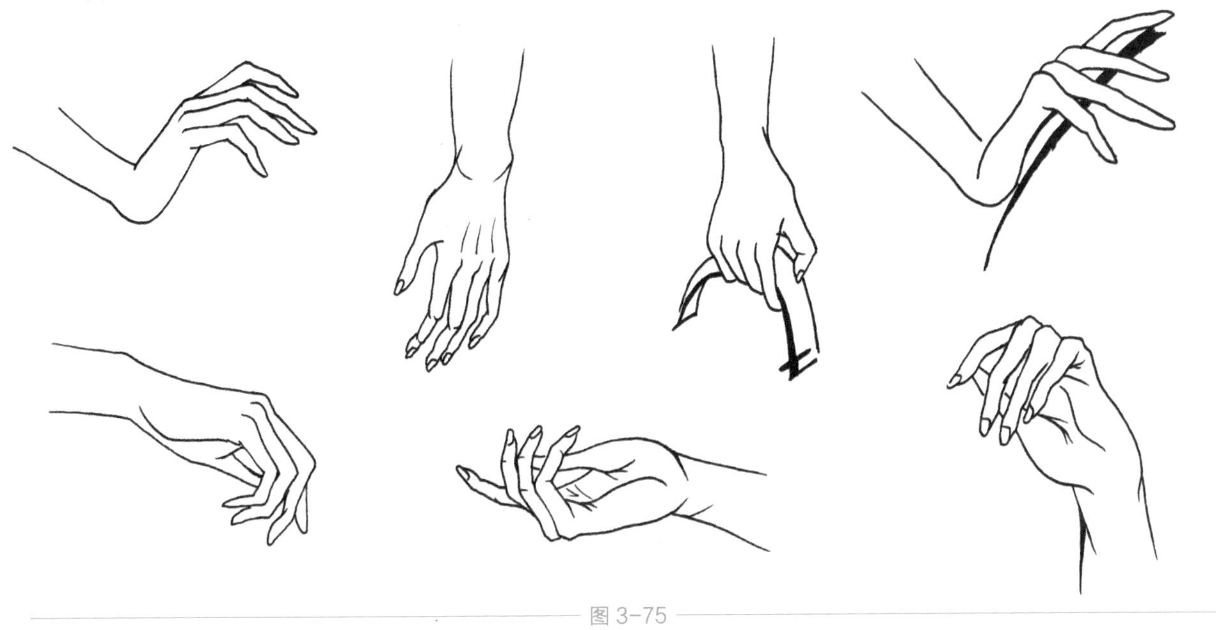

图 3-75

常见的手部上色表现，如图 3-76 所示。

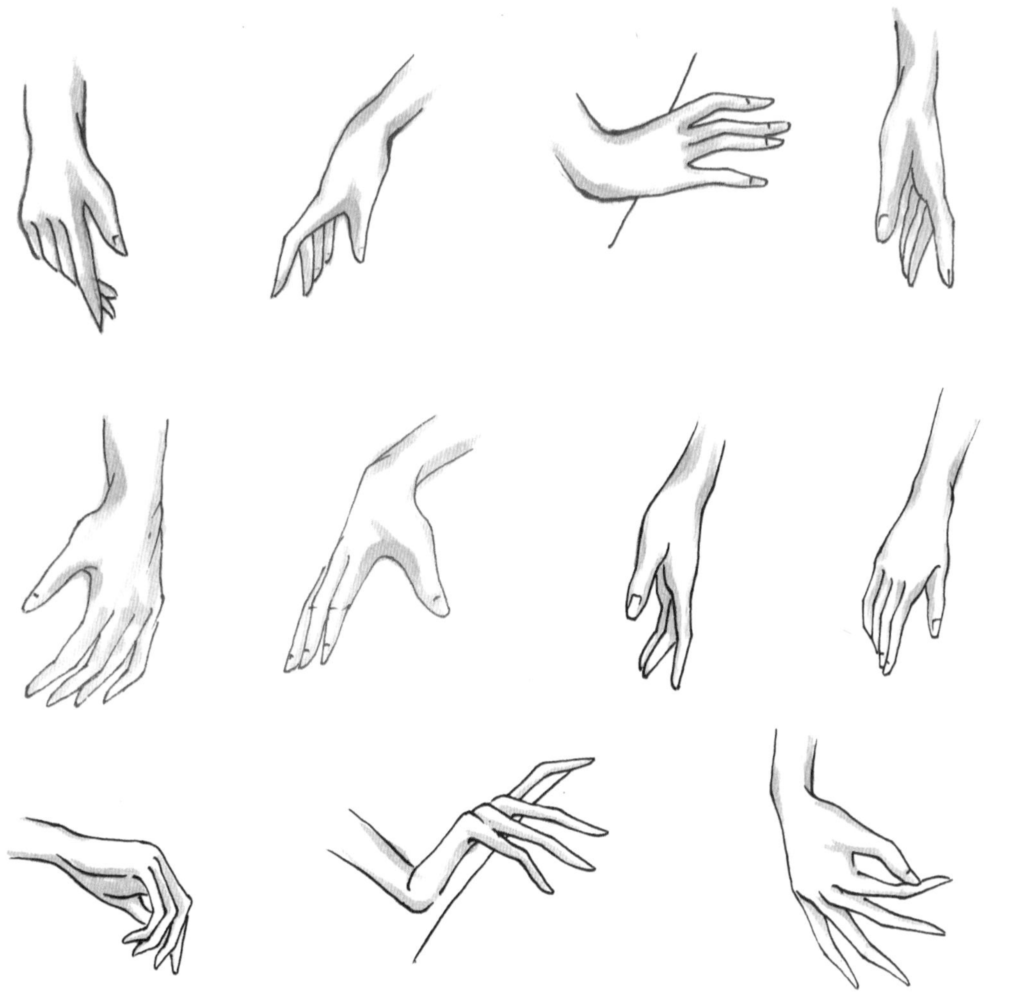

图 3-76

3.2.11 腿

在时装画中，无论是男性还是女性模特都有着完美的身材比例和细长的美腿。这就要求绘画者在理解腿部骨骼和肌肉结构的基础上，美化模特的腿部线条，使之看起来曲线优美且修长。

腿部骨骼肌肉结构，如图 3-77 所示。

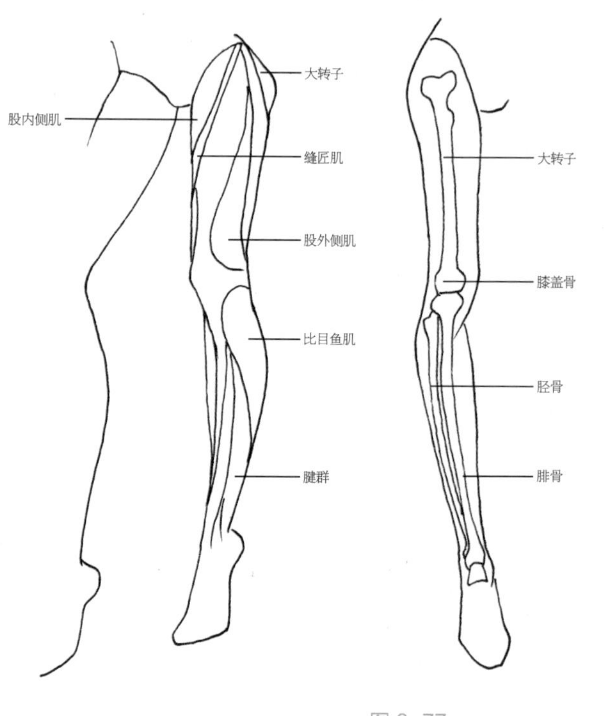

图 3-77

女性腿部的刻画要点

女性腿部纤细，肌肉较柔和，因此一定要根据站姿来表现其变化。女性的腿部曲线很重要，能反映其特点。

腿部骨骼和肌肉呈现多种变化，在直立的情况下受重力较多的腿，小腿总是往重心方向靠拢。盆骨变化的角度越大，腿部曲线越明显，如图 3-78 所示。

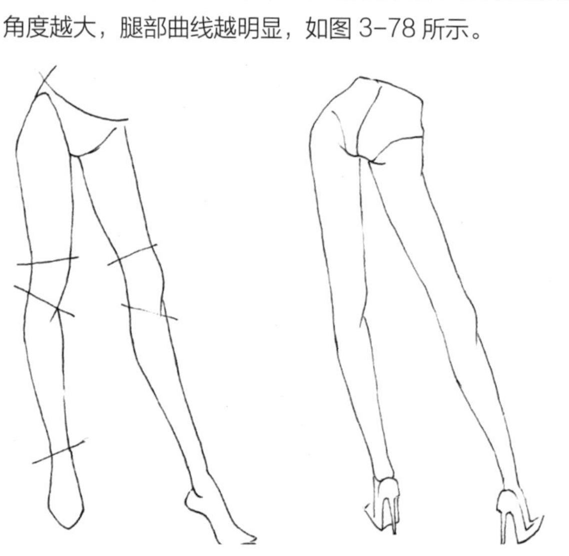

图 3-78

男性腿部的刻画要点

即使是偏瘦的男性，股内侧肌和股外侧肌也要画得饱满。小腿踝画得细小更容易突出肌肉的张力，线条表现尽量刚劲有力，肌肉的曲线多用块面来表达，如图 3-79 所示。

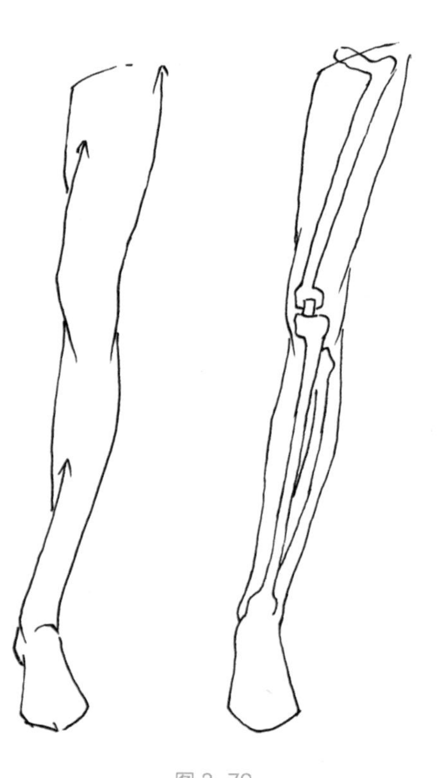

图 3-79

多角度的腿部表现，如图 3-80 所示。

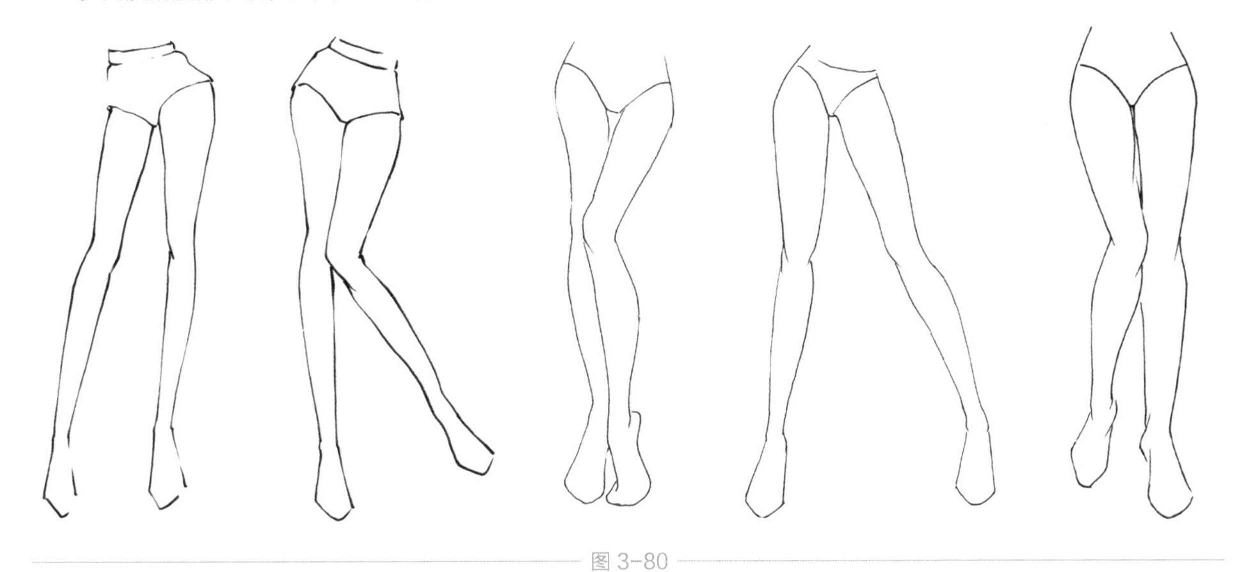

图 3-80

多角度的腿部上色表现，如图 3-81 所示。

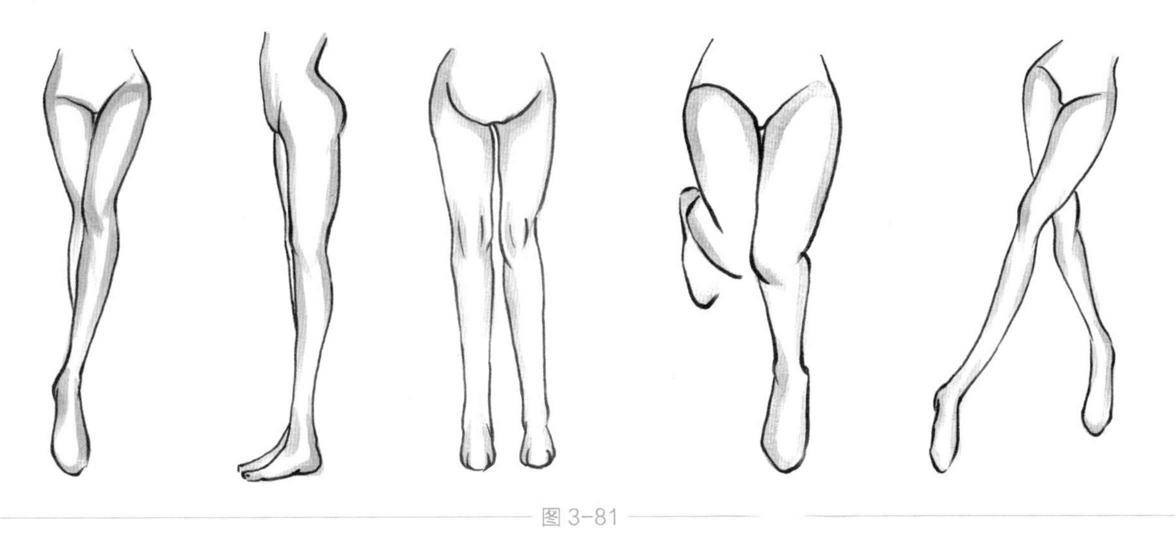

图 3-81

3.2.12 脚

脚主要由脚踝、脚跟、脚弓和脚趾四部分组成，脚部的形态最难掌握的是在透视中的变形，两踝骨、大脚趾侧掌骨结和脚跟骨是表现腿部形状的主要部位。

脚部正面、背面、斜侧面和侧面的变化表现，如图 3-82 所示

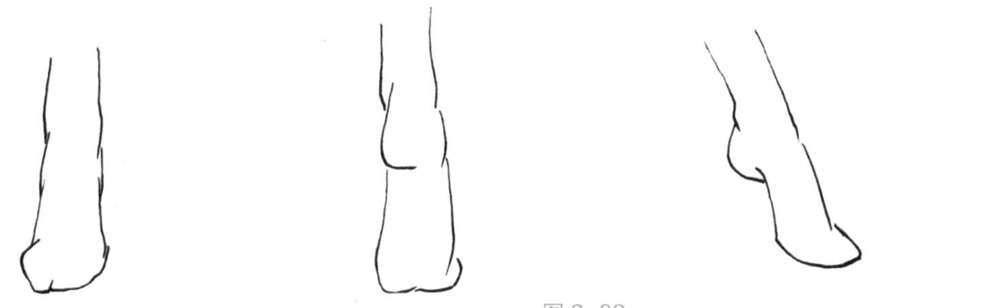

图 3-82

多角度的脚部上色表现，如图 3-83 所示。

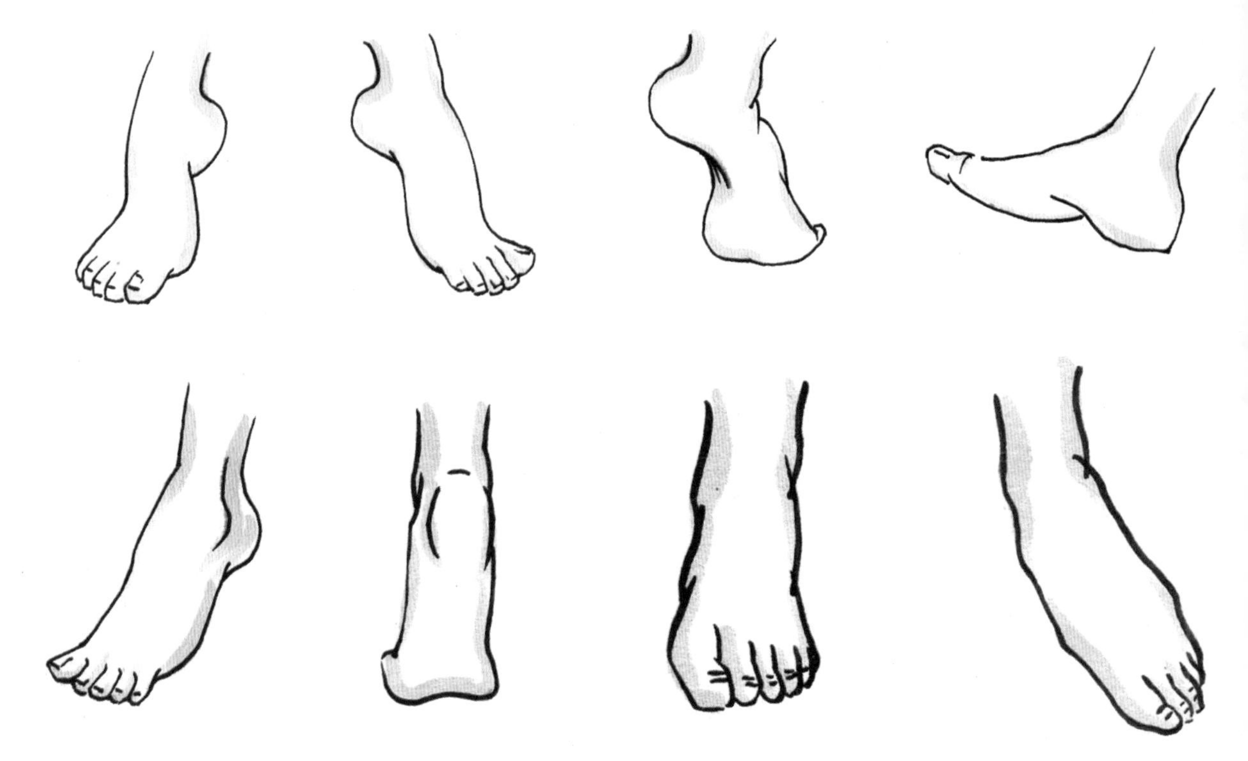

图 3-83

Chapter 04

服装款式图结构讲解

服装款式图着重以平面图形来表现，具有快速记录、传达服装特质的优点。用款式图来明确地表达服装的样式以及内部细节的结构。

4.1 服装人体结构线

服装中的人体结构线，主要是指服装穿在人身上后，服装某一特定位置的标记，比如胸围线、腰围线、臀围线等。

4.1.1 服装比例与结构线

学习服装比例结构线，能够更好地绘制出准确的服装款式图。人体结构线的位置表现，如图 4-1 所示。

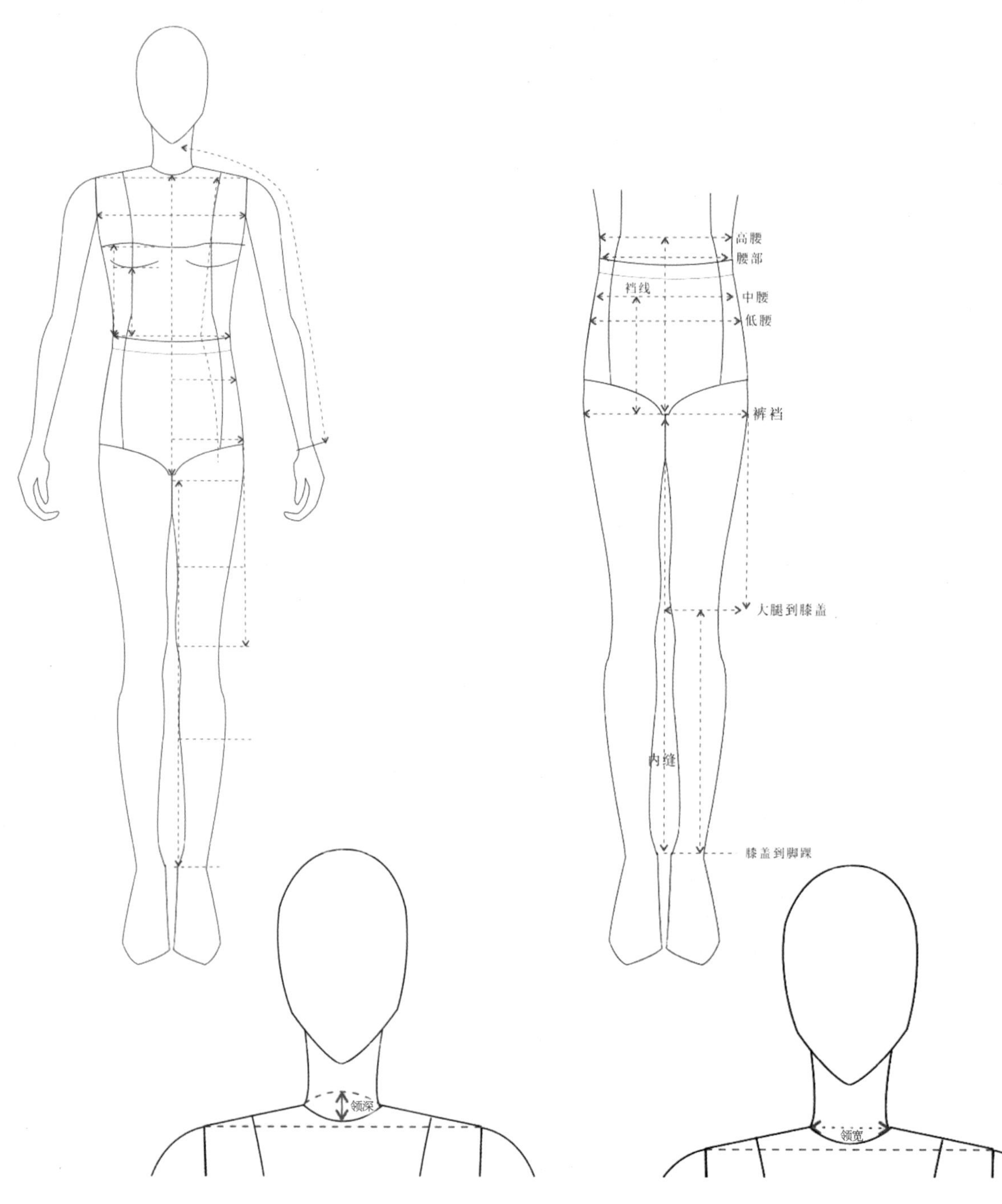

图 4-1

4.1.2 人体结构辅助线

通过人体结构辅助线可以了解到服装的结构在人体不同姿态下的空间关系，有助于我们更准确地把握服装的结构，如图 4-2 所示。注意人体扭动时，结构线也会随之发生变化，如图 4-3 所示。

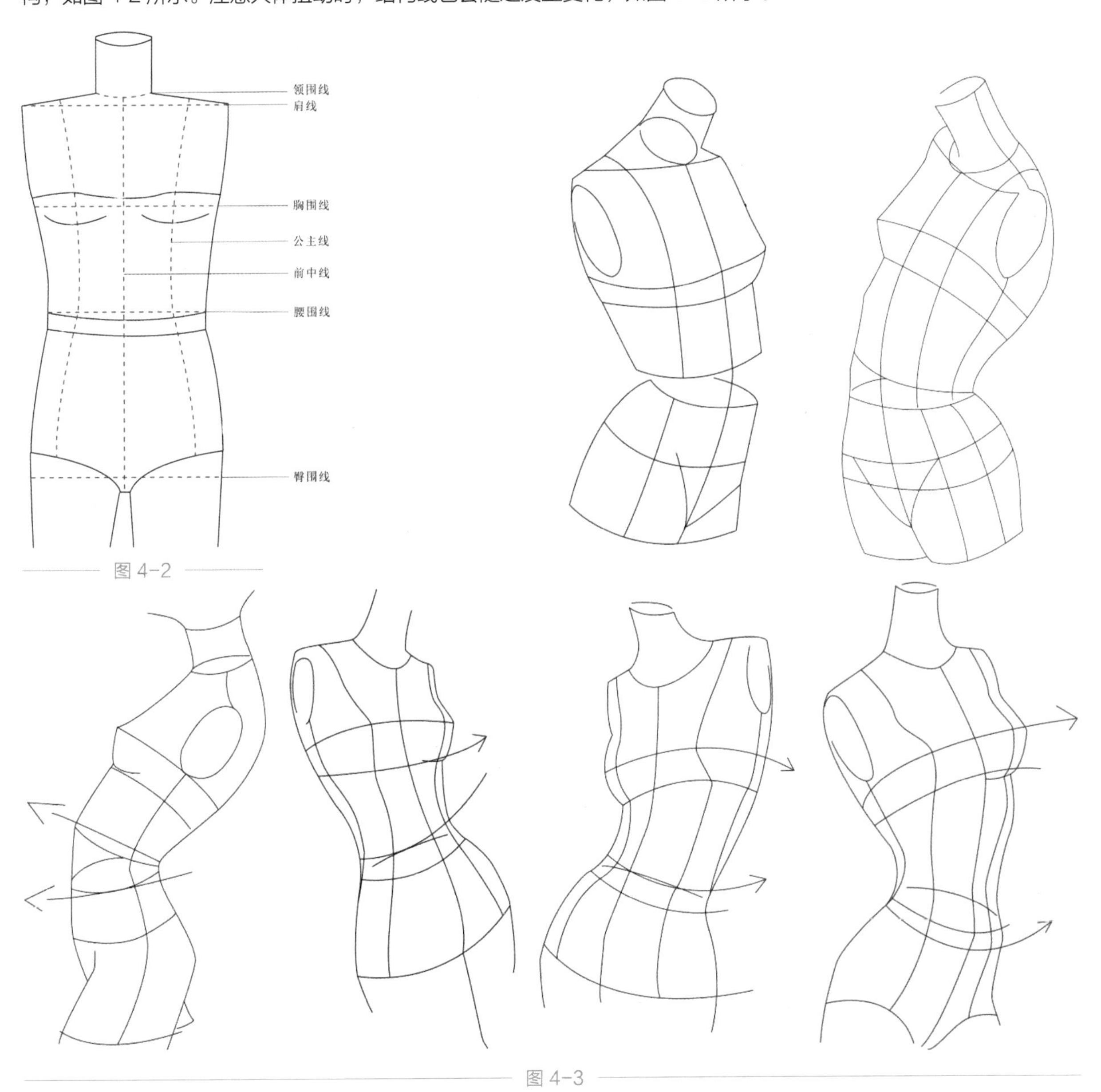

图 4-2

图 4-3

4.2 上装款式图结构讲解

绘制款式图需要注意两点：一是对称，二是线条的把握。在绘制服装款式图的过程中，不仅要注意线条的规范，而且还要注意表现线条的美感，同时要注意把轮廓线和结构线等线条区分开来。

4.2.1 上装款式图绘制

上装的款式类型繁多，造型百变，需要注意整体服装款式的线条表现。在绘制上装款式图的过程中，我们可以利用三种线条来表现，即粗线、细线和虚线。粗线主要用来表现服装的外轮廓；细线主要用来刻画服装的细节部分和一些结构复杂的部分；虚线可以用来表现服装的辑明线部分等。

内衣的绘制步骤

step 01 先用铅笔画好中心线，再画好内衣的大致外轮廓线条，如图 4-4 所示。

step 02 细致刻画内衣的款式图，如图 4-5 所示。

step 03 用 0.5 的黑色针管笔画出内衣的外轮廓，再用 0.3 的黑色针管笔画出内部结构线，最后用 0.05 的黑色针管笔画出虚线部分，如图 4-6 所示。

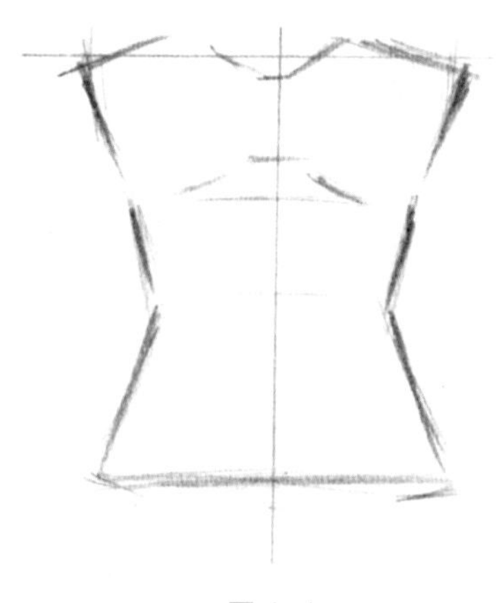

图 4-4

图 4-5

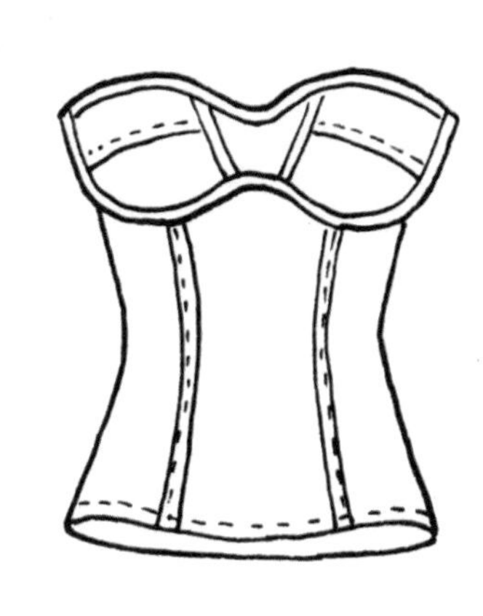

图 4-6

衬衣的绘制步骤

step 01 先用铅笔画一条中心线，再画好衬衣的大致轮廓线条，如图 4-7 所示。

step 02 细致刻画衬衣的款式图结构，如图 4-8 所示。

step 03 用 0.5 的黑色针管笔画出衬衣的外轮廓，再用 0.3 的黑色针管笔画出内部结构线，最后用 0.05 的黑色针管笔画出虚线和褶皱线部分，如图 4-9 所示。

图 4-7

图 4-8

图 4-9

T 恤的绘制步骤

step 01 先用铅笔画一条中心线，再画好 T 恤的大致轮廓线条以及图案，如图 4-10 所示。

step 02 细致刻画 T 恤的款式图结构，如图 4-11 所示。

step 03 用 0.5 的黑色针管笔画出 T 恤的外轮廓，再用 0.3 的黑色针管笔画出内部结构线，最后用 0.05 的黑色针管笔画出内部图案的部分，如图 4-12 所示。

图 4-10

图 4-11

图 4-12

外套的绘制步骤

step 01 先用铅笔画一条中心线，再画好外套的大致轮廓线条以及内部结构线，如图 4-13 所示。

step 02 细致刻画外套的款式图结构，如图 4-14 所示。

step 03 用 0.5 的黑色针管笔画出外套的外轮廓，再用 0.3 的黑色针管笔画出内部结构线，最后用 0.05 的黑色针管笔画出虚线部分，如图 4-15 所示。

图 4-13

图 4-14

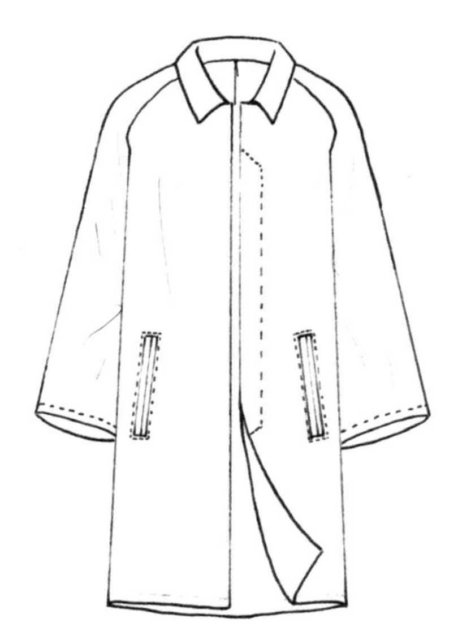

图 4-15

4.2.2 多款上装款式图欣赏

45

4.3 裙装款式图结构讲解

裙装的绘制是时装画中的难点，要绘制出完美的裙子就要了解关键的元素以体现整体特征。

4.3.1 裙装款式图绘制

绘制裙装需要注意裙子的类型，仔细区别高腰、中腰和低腰在人体腰部位置的变化。裙子在人体动态的变化下，会产生不同的造型。

半裙的绘制步骤

step 01 先画一条中心线，再大致画出半裙的轮廓线条，如图 4-16 所示。

step 02 细致刻画半裙的结构特征，如图 4-17 所示。

step 03 用 0.5 的黑色针管笔画出半裙的外轮廓，再用 0.3 的黑色针管笔画出内部结构线，最后用 0.05 的黑色针管笔画出虚线部分，如图 4-18 所示。

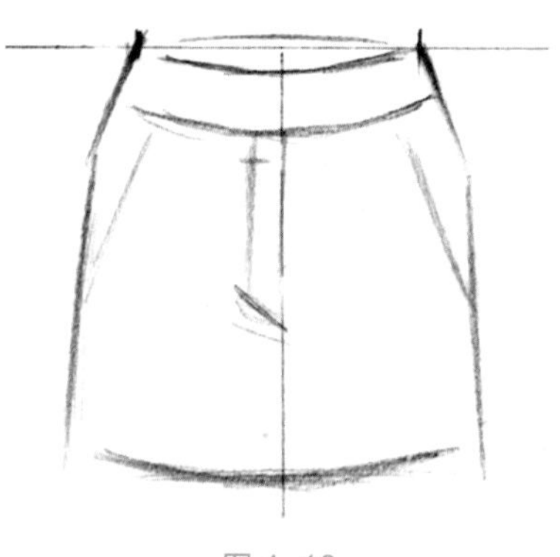

图 4-16

图 4-17

图 4-18

连衣裙的绘制步骤

step 01 先画一条中心线，再画出连衣裙的大致轮廓，如图 4-19 所示。

step 02 细致刻画连衣裙的结构，如图 4-20 所示。

step 03 用 0.5 的黑色针管笔画出连衣裙的外轮廓线条，再用 0.3 的黑色针管笔画出内部结构线，最后用 0.05 的黑色针管笔画出褶皱线部分，如图 4-21 所示。

图 4-19

图 4-20

图 4-21

礼服裙的绘制步骤

step 01 先画一条中心线，再画出礼服裙的大致轮廓，如图 4-22 所示。

step 02 细致刻画礼服裙的结构，注意内部花朵的表现，如图 4-23 所示。

step 03 用 0.5 的黑色针管笔画出礼服裙的外轮廓线条，再用 0.3 的黑色针管笔画出内部结构线，最后用 0.05 的黑色针管笔画出花朵图案以及褶皱线，如图 4-24 所示。

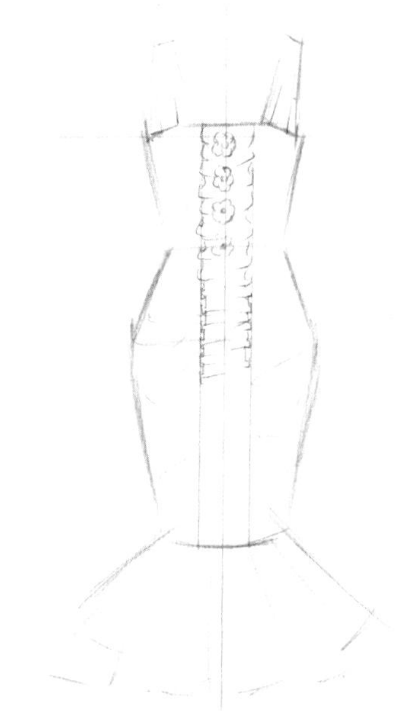

图 4-22

图 4-23

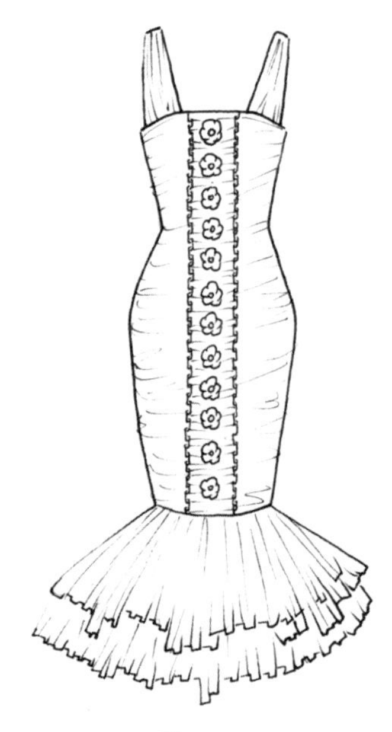

图 4-24

4.3.2 多款裙装款式图欣赏

4.4 裤装款式图结构讲解

裤装款式的结构主要在于裤袋以及裤脚的处理。裤袋的种类有牛仔裤袋、内缝袋、工装袋等；裤脚的分类有宽口、紧口、侧开口等。

4.4.1 裤装款式图绘制

绘制裤装主要在于线条的表现，不同粗细的线条可组合成不同款式的裤型。

短裤的绘制步骤

step 01 先画一条中心线，再画出短裤的大致轮廓，如图 4-25 所示。

step 02 细致刻画短裤的结构，如图 4-26 所示。

step 03 用 0.5 的黑色针管笔画出短裤的外轮廓线条，再用 0.3 的黑色针管笔画出短裤内部的结构线，最后用 0.05 的黑色针管笔画出腰头的虚线部分，如图 4-27 所示。

图 4-25

图 4-26

图 4-27

休闲裤的绘制步骤

step 01 先画一条中心线，再画出休闲裤的大致轮廓，如图 4-28 所示。

step 02 细致刻画休闲裤的结构，如图 4-29 所示。

step 03 用 0.5 的黑色针管笔画出休闲裤的外轮廓线条，再用 0.3 的黑色针管笔画出休闲裤内部的结构线，最后用 0.05 的黑色针管笔画出腰头的褶皱部分，如图 4-30 所示。

图 4-28

图 4-29

图 4-30

牛仔裤的绘制步骤

step 01 先画一条中心线，再画出牛仔裤的大致轮廓，如图 4-31 所示。

step 02 细致刻画牛仔裤的结构，如图 4-32 所示。

step 03 用 0.5 的黑色针管笔画出牛仔裤的外轮廓线条，再用 0.3 的黑色针管笔画出牛仔裤内部的结构线，最后用 0.05 的黑色针管笔画出腰头和口袋的虚线部分，如图 4-33 所示。

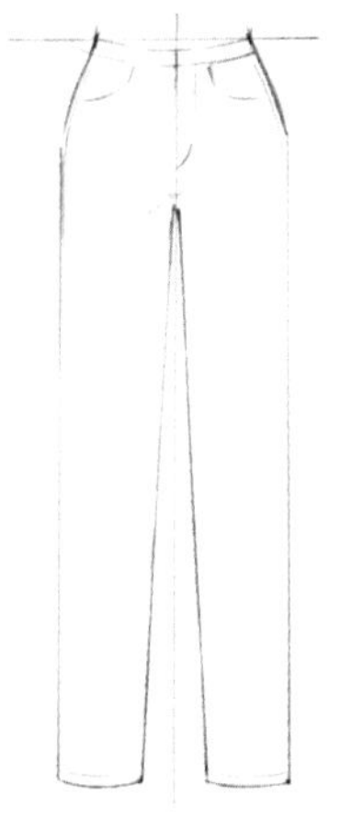

图 4-31

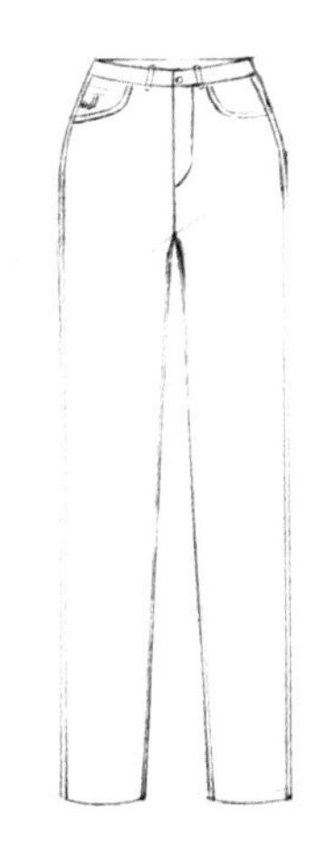

图 4-32

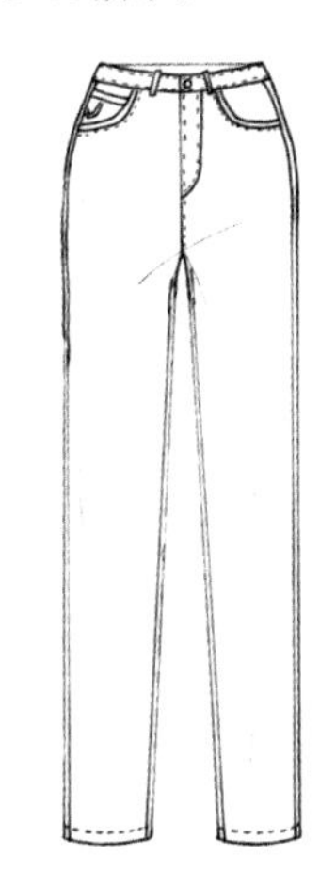

图 4-33

4.4.2 多款裤装款式图欣赏

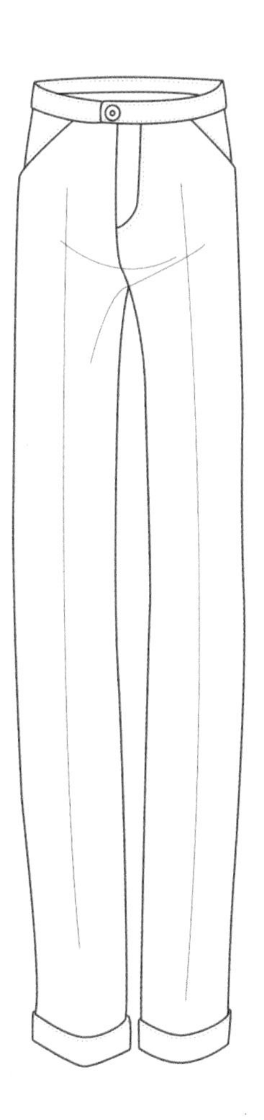

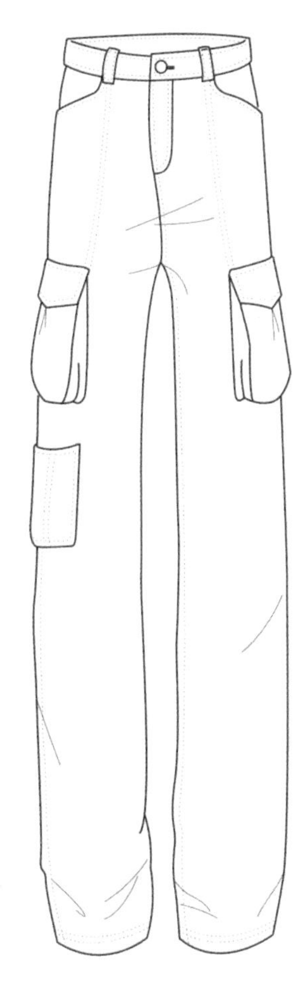

4.5 童装款式图结构讲解

童装的款式多种多样，内部结构的细节变化也比较丰富。

4.5.1 童装款式图绘制

绘制童装款式图需要注意两点：一是童装的领口、裤脚以宽松为主；二是童装款式图中尽量避免收腰的设计，以A 字款式为主。

内衣的绘制步骤

step **01** 先画一条中心线，再画出内衣的大致轮廓，如图 4-34 所示。

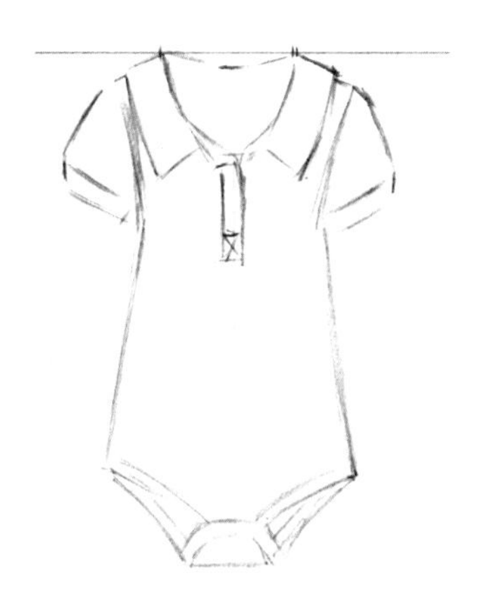

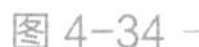

图 4-34

step **02** 细致刻画内衣的结构，如图 4-35 所示。

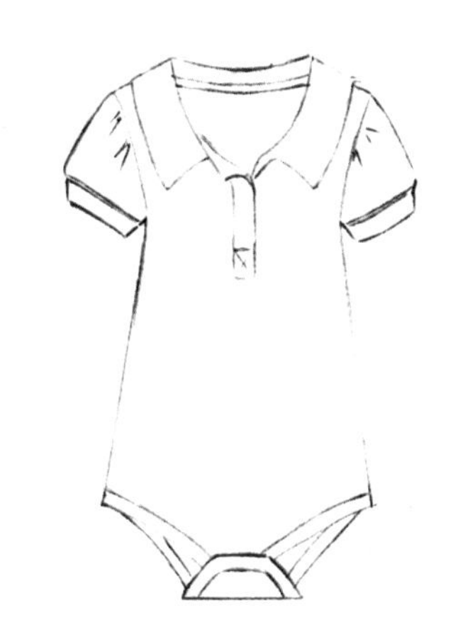

图 4-35

step **03** 用 0.5 的黑色针管笔画出内衣的外轮廓线条，再用 0.3 的黑色针管笔画出内衣内部的结构线，最后用 0.05 的黑色针管笔画出褶皱线部分，如图 4-36 所示。

图 4-36

裙子的绘制步骤

step **01** 先画一条中心线，再画出裙子的大致轮廓，如图 4-37 所示。

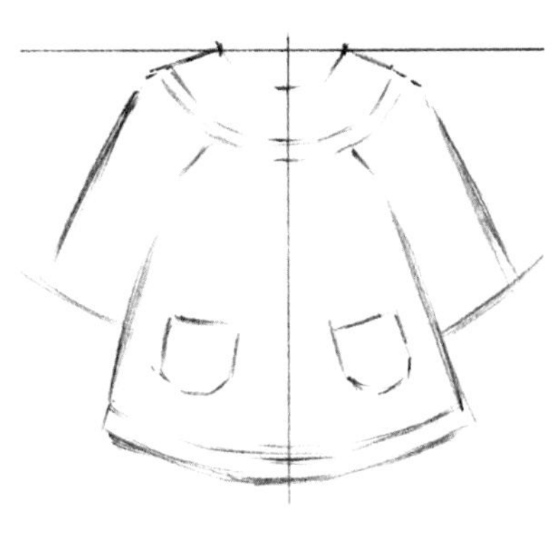

图 4-37

step **02** 细致刻画裙子的结构，如图 4-38 所示。

图 4-38

step **03** 用 0.5 的黑色针管笔画出裙子的外轮廓线条，再用 0.3 的黑色针管笔画出裙子内部的结构线，最后用 0.05 的黑色针管笔画出褶皱线部分，如图 4-39 所示。

图 4-39

裤子的绘制步骤

step 01　先画一条中心线，再画出裤子的大致轮廓，如图 4-40 所示。

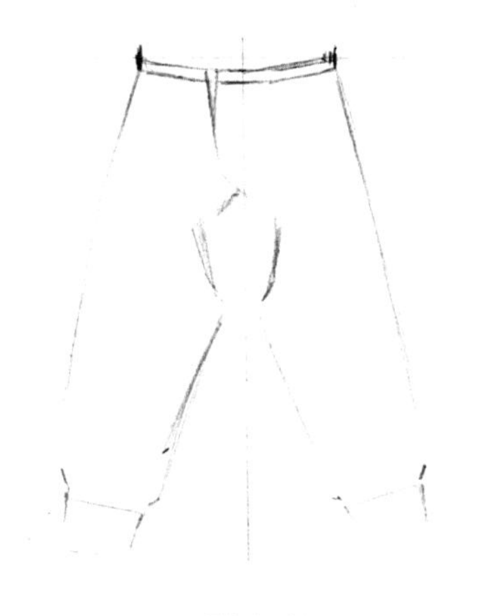

图 4-40

step 02　细致刻画裤子的结构，如图 4-41 所示。

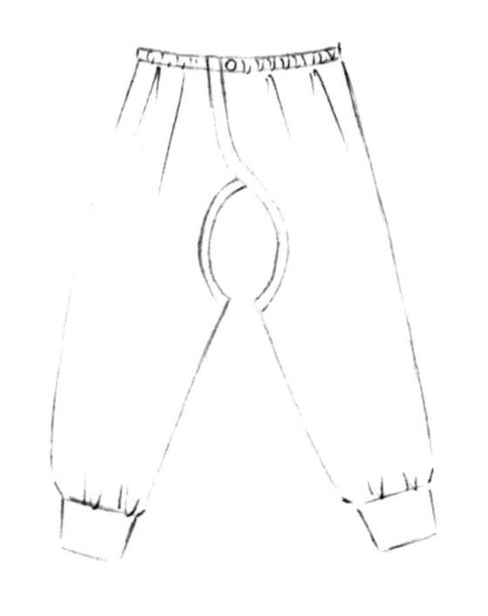

图 4-41

step 03　用 0.5 的黑色针管笔画出裤子的外轮廓线条，再用 0.3 的黑色针管笔画出裤子内部的结构线，最后用 0.05 的黑色针管笔画出褶皱线的位置，如图 4-42 所示。

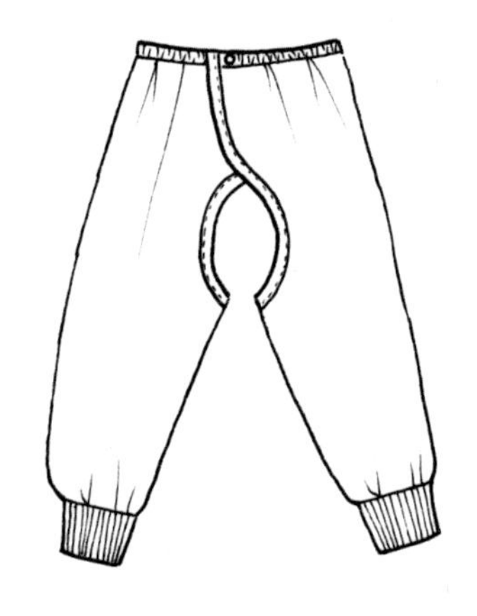

图 4-42

4.5.2 多款童装款式图欣赏

Chapter 05

服装与人体的关系

服装因人体而产生，并且服务于人体，两者密不可分。要研究服装，就得先研究人体与服装的关系。

本章将从人体局部与服装造型的表现、服装褶皱的表现与人体着装等方面来体现服装与人体的关系。

5.1 局部款式造型表现

服装局部设计关系着服装的整体造型及美感，主要表现在衣领、门襟、衣袖、衣摆和口袋等重要位置。服装设计是一个从整体到局部的设计过程，局部设计建立在整体设计的基础上，整体设计为局部设计作铺垫，它们相辅相成。

5.1.1 衣领

领子处于服装最上面的醒目位置，在服装设计中占有重要地位， 从最初的以保护人体颈部为主演变为现在的以装饰性为主。领子包括领型和领口形状，领型是指领子的整体形状，分为戗驳领、翻驳领、平驳领、荷叶领和青果领等，如西装外套通常搭配翻驳领；而领口形状主要是由领口的外观呈现角度决定的，可分为方形领、一字领、圆形领和 V 形领等。

衣领的绘制表现

翻驳领的绘制步骤

step 01 用黑色针管笔画出衣领的形状，注意表现衣领与脖子之间的穿插关系，如图 5-1 所示。

step 02 用 TOUCH 70 号马克笔平铺衣领的底色，亮部之间留白，如图 5-2 所示。

step 03 用 TOUCH 69 号马克笔画出衣领的暗部颜色，最后用高光笔画出高光部分，如图 5-3 所示。

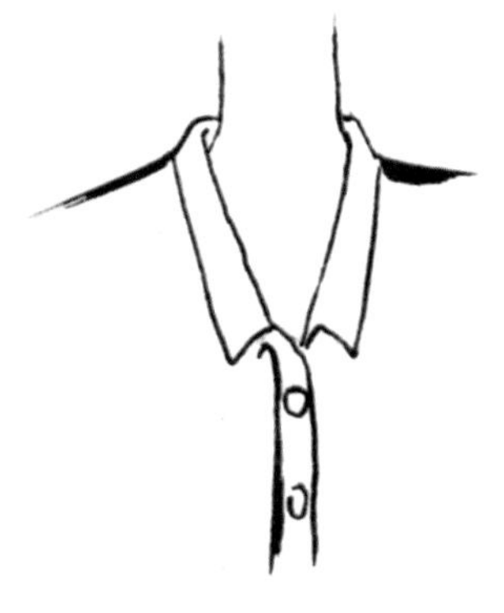

图 5-1

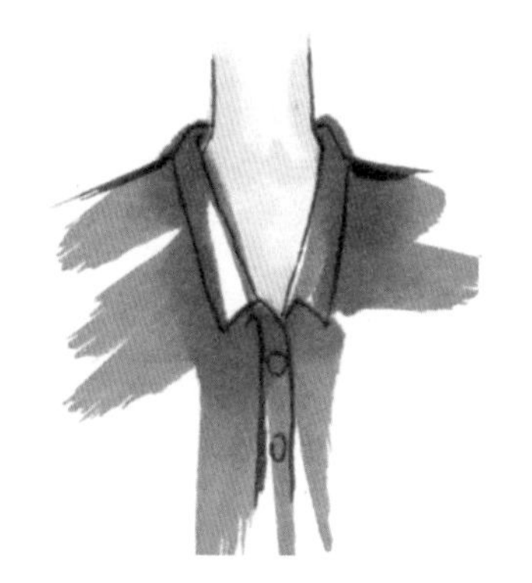

图 5-2

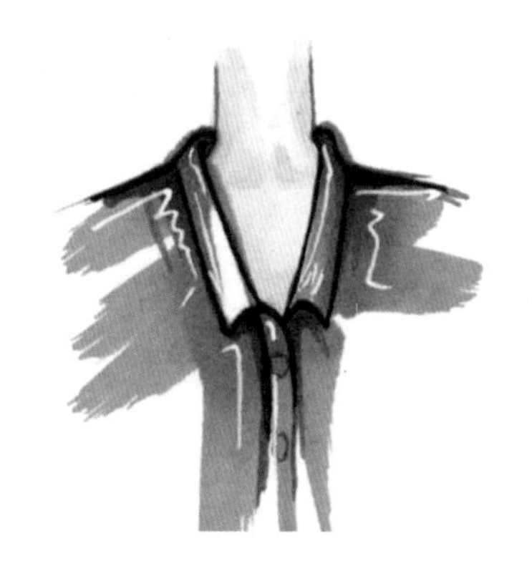

图 5-3

方领的绘制步骤

step 01 用黑色针管笔画出方领的形状，注意表现衣领与脖子之间的穿插关系，如图 5-4 所示。

step 02 用 TOUCH 144 号马克笔画出方领的底色，再用深色马克笔画出皮肤的颜色，如图 5-5 所示。

step 03 用 TOUCH 183 号马克笔画出衣领褶皱的暗部颜色，最后用高光笔画出高光部分，如图 5-6 所示。

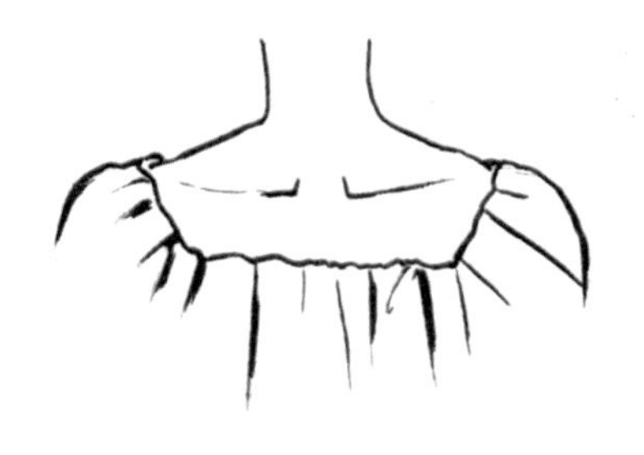

图 5-4

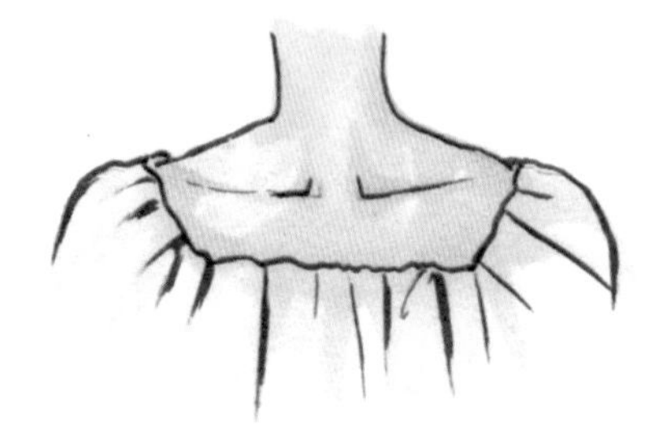

图 5-5

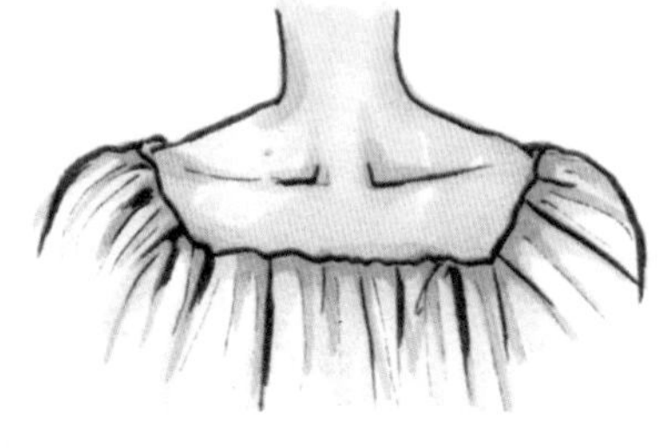

图 5-6

小立领的绘制步骤

step 01 用黑色针管笔画出立领的形状，注意脖子与衣领之间的穿插关系，如图5-7所示。

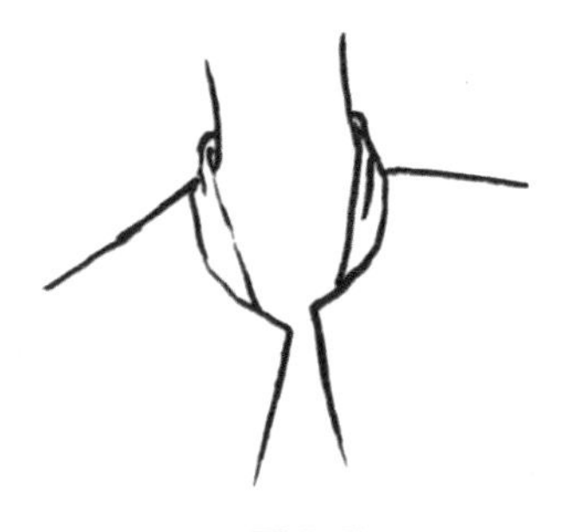

图 5-7

step 02 用 TOUCH 2 号马克笔平铺衣领的底色，注意立领的用笔表现，如图5-8所示。

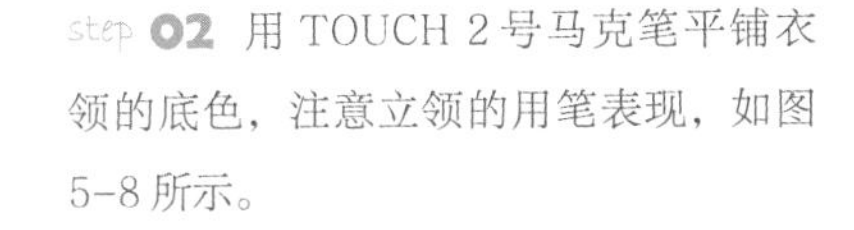

图 5-8

step 03 用 TOUCH 1 号马克笔画出立领的暗部颜色，最后用高光笔画出高光部分，如图 5-9 所示。

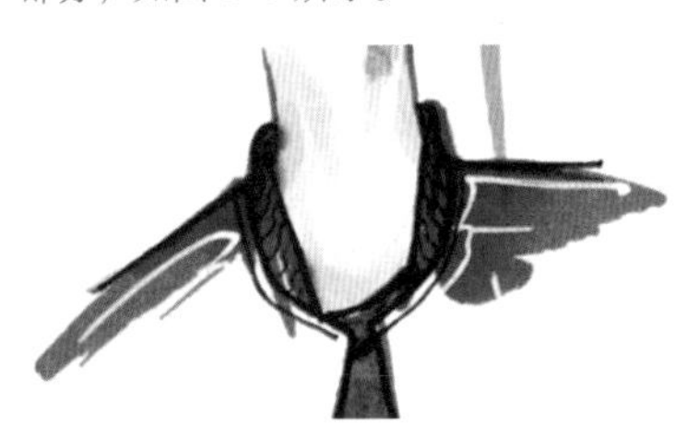

图 5-9

一字领的绘制步骤

step 01 用黑色针管笔画出一字领的形状，注意表现衣领褶皱的虚实线条，如图 5-10 所示。

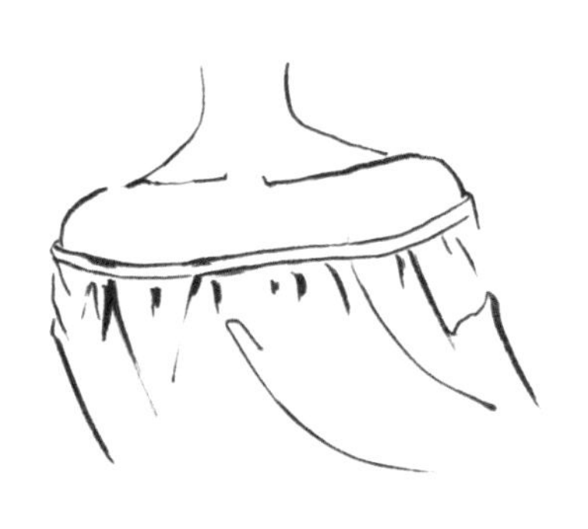

图 5-10

step 02 用 TOUCH 104 号马克笔画出衣领的底部颜色，再用肤色马克笔画出皮肤的颜色，如图 5-11 所示。

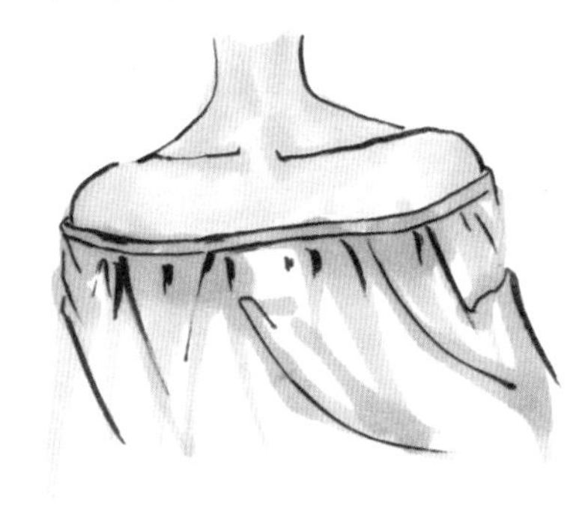

图 5-11

step 03 用 TOUCH 41 号马克笔画出衣领褶皱的暗部颜色，最后用高光笔画出高光部分，如图 5-12 所示。

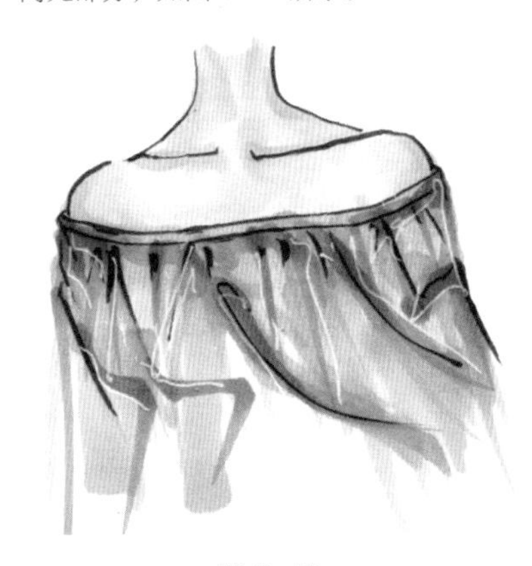

图 5-12

衬衫领的绘制步骤

step 01 用黑色针管笔画出衬衫领的形状，注意配饰的表现，如图 5-13 所示。

图 5-13

step 02 用 TOUCH 28 号和 TOUCH 49 号马克笔画出衬衫领的固有色，如图 5-14 所示。

图 5-14

step 03 用 TOUCH 9 号和 TOUCH 36 号马克笔画出衣领的暗部颜色，最后用高光笔画出高光部分，如图 5-15 所示。

图 5-15

5.1.2 门襟

在衣服的前胸部位从头到底的开口称为门襟。门襟是服装装饰中最醒目的主要部件，和衣领、袋口互相衬托展示时装艳丽的容貌。门襟的款式层出不穷，千变万化。

服装的开襟是为服装的穿脱方便而设在服装上的一种结构形式，款式多种多样。开襟按对接方式可分为对合襟、对称门襟、非对称门襟，对合襟是没有叠门的，对称门襟及非对称门襟是有叠门的，分左右两襟，锁扣眼的一边称大襟，钉扣子的一边称里襟；开襟按线条类型可分为直线襟、斜线襟和曲线襟等；开襟按部分可分为前身开襟、后身开襟、肩部开襟等。

门襟的绘制表现

荷叶边门襟的绘制步骤

step 01 先用黑色针管笔画出门襟的形状，注意荷叶边的表现，如图 5-16 所示。

图 5-16

step 02 用 TOUCH BG1 号马克笔画出白色门襟的暗部颜色，如图 5-17 所示。

图 5-17

step 03 最后用 TOUCH 56 号马克笔画出门襟的图案，如图 5-18 所示。

图 5-18

对称门襟的绘制步骤

step 01 先用黑色毛笔画出门襟的造型表现，如图 5-19 所示。

图 5-19

step 02 先用 TOUCH CG7 号马克笔画出门襟的底色，再用深色马克笔画出皮肤的颜色，如图 5-20 所示。

图 5-20

step 03 用 TOUCH 120 号马克笔画出门襟的暗部颜色，最后用高光笔画出高光部分，如图 5-21 所示。

图 5-21

V领门襟的绘制步骤

step 01 用毛笔画出门襟的形状，注意表现内部细节，如图 5-22 所示。

step 02 先用 TOUCH 136 号马克笔画出门襟的底色，再用深色马克笔画出皮肤的颜色，如图 5-23 所示。

step 03 用 TOUCH 9 号马克笔画出门襟褶皱的暗部颜色，最后用高光笔画出高光部分，如图 5-24 所示。

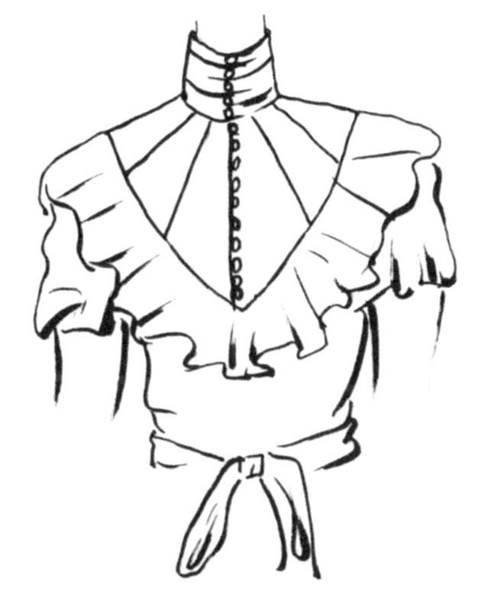

图 5-22

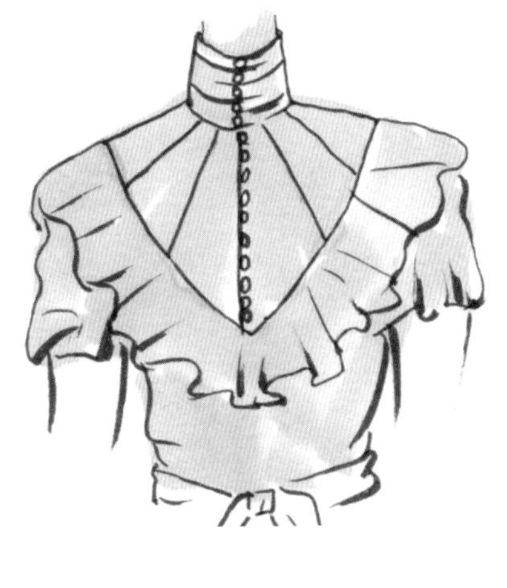

图 5-23

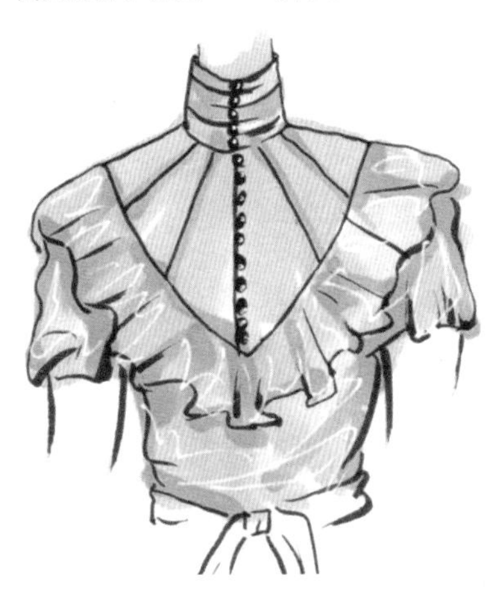

图 5-24

叠门门襟的绘制步骤

step 01 用黑色毛笔画出门襟的形状，如图 5-25 所示。

step 02 用 TOUCH 44 号马克笔平铺门襟的底色，如图 5-26 所示。

step 03 用 TOUCH 41 号马克笔画出门襟的暗部颜色，最后用高光笔画出高光部分，如图 5-27 所示。

图 5-25

图 5-26

图 5-27

5.1.3 衣袖

袖子是附在手臂表面上呈圆筒状的局部服装，主要是在肩部和手臂结构的基础上将袖窿与肩部缝合起来，具有很强的立体感。袖子作为上衣中一个重要的组成部分，直接影响着上衣的美观和造型性。

袖子按结构可分为装袖和插肩袖。装袖应用广泛，适用于各种类型的服装；插肩袖的袖窿较深，可方便手臂的伸展，通常运用在休闲类的服装中。袖子按长度可分为无袖、短袖、五分袖、七分袖、九分袖和长袖。袖子按外观可分为圆袖、紧身袖、灯笼袖和喇叭袖等多种。

衣袖的绘制表现

落肩袖的绘制步骤

step 01　用毛笔画出衣袖的形状，注意表现褶皱的线条，如图 5-28 所示。

图 5-28

step 02　用 TOUCH 42 号马克笔画出衣袖的固有色，注意笔触，如图 5-29 所示。

图 5-29

step 03　先用 TOUCH 42 号马克笔加深衣袖的暗部颜色，再用针管笔画出袖口的表现，最后用高光笔画出高光部分，如图 5-30 所示。

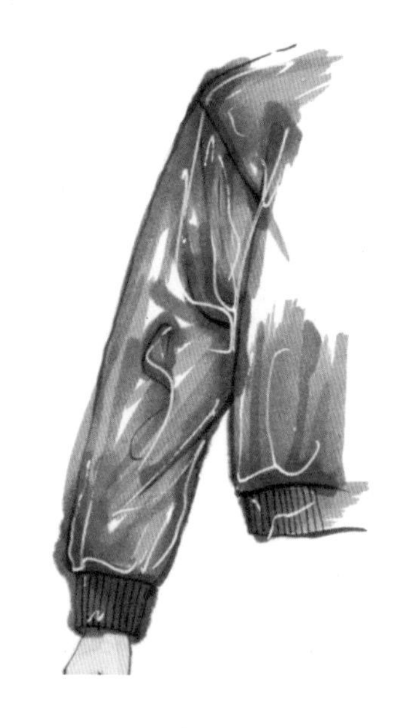

图 5-30

马蹄袖的绘制步骤

step 01　用毛笔画出袖子的形状，注意内部线条的虚实变化，如图 5-31 所示。

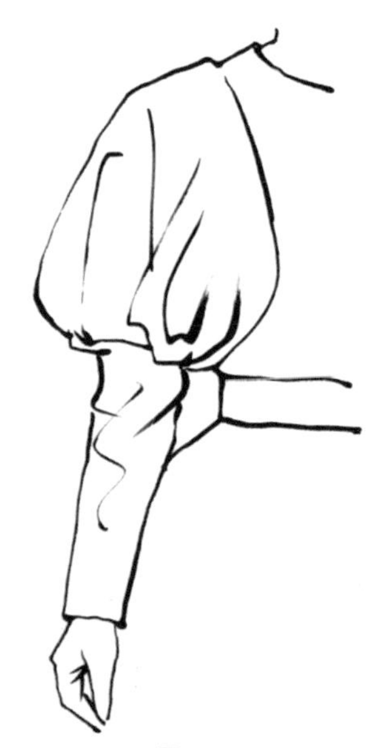

图 5-31

step 02　用 TOUCH 27 号马克笔画出袖子的固有色，如图 5-32 所示。

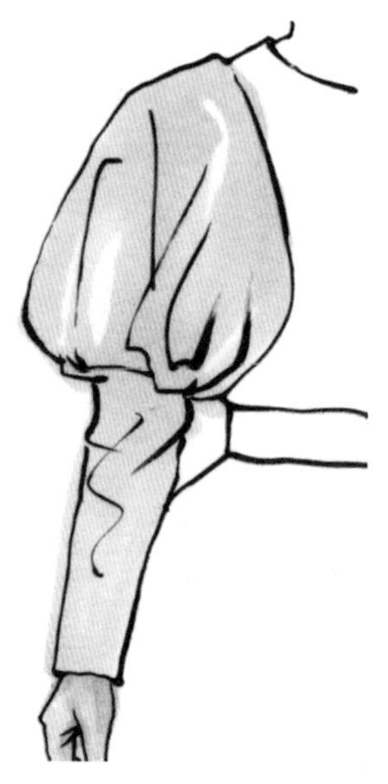

图 5-32

step 03　用 TOUCH 28 号马克笔画出袖子的暗部颜色，最后用高光笔画出高光部分，如图 5-33 所示。

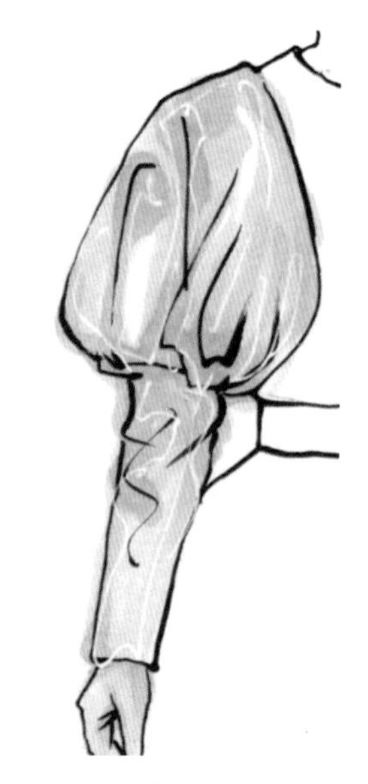

图 5-33

露肩袖的绘制步骤

step 01 用毛笔画出袖子的形状，注意袖子线条的虚实变化，如图 5-34 所示。

step 02 先用 TOUCH CG7 号马克笔画出衣身的底色，再用深色马克笔画出皮肤的颜色，如图 5-35 所示。

step 03 用 TOUCH 120 号马克笔加深衣身的暗部颜色，最后画出袖子的图案，如图 5-36 所示。

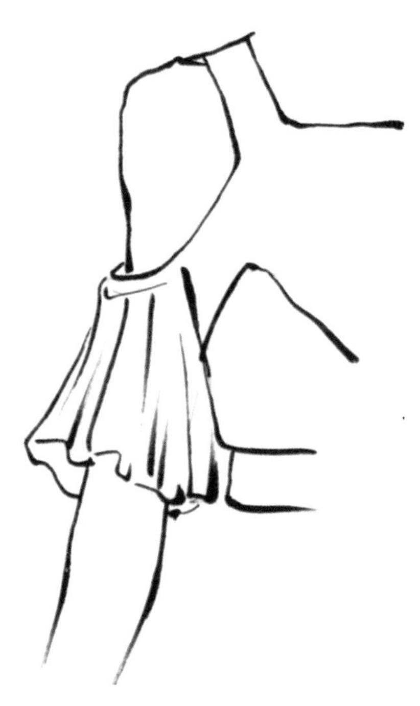

图 5-34

图 5-35

图 5-36

喇叭袖的绘制步骤

step 01 用黑色毛笔画出衣袖的形状，如图 5-37 所示。

step 02 先用 TOUCH 27 号马克笔画出衣袖的固有色，再用深色马克笔画出皮肤的颜色，如图 5-38 所示。

step 03 用 TOUCH 28 号马克笔加深袖子的暗部颜色，如图 5-39 所示。

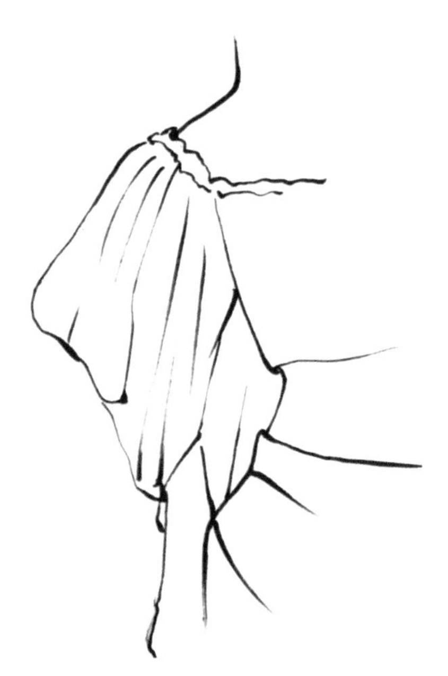

图 5-37

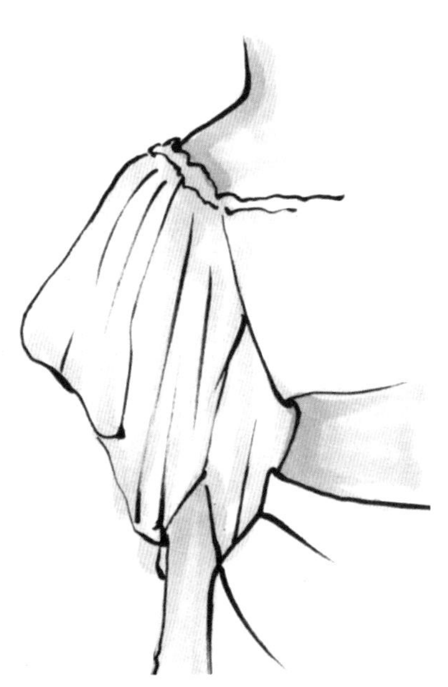

图 5-38

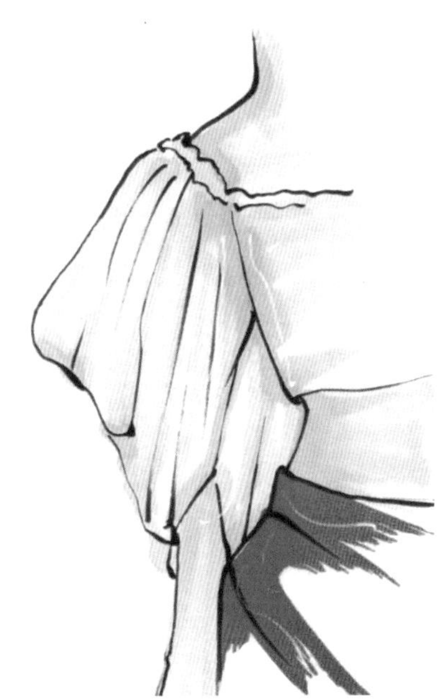

图 5-39

泡泡袖的绘制步骤

step 01 用黑色马克笔画出袖子的形状，如图 5-40 所示。

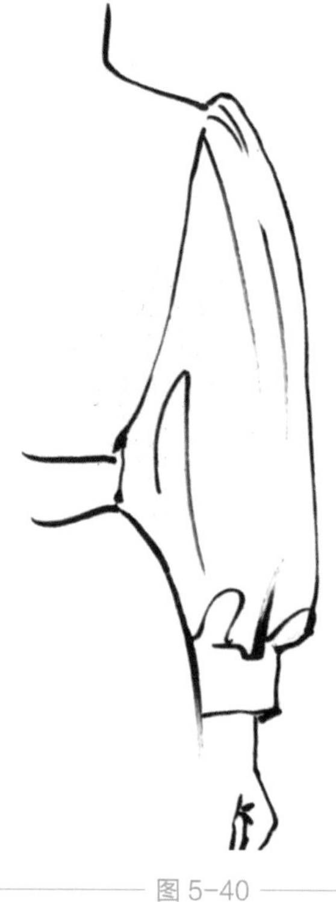

图 5-40

step 02 用 TOUCH 136 号马克笔画出衣袖的固有色，如图 5-41 所示。

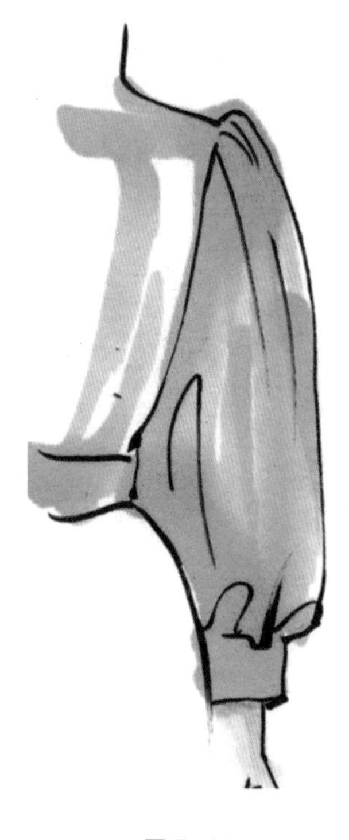

图 5-41

step 03 用 TOUCH 9 号马克笔加深袖子的暗部颜色，最后用高光笔画出高光部分，如图 5-42 所示。

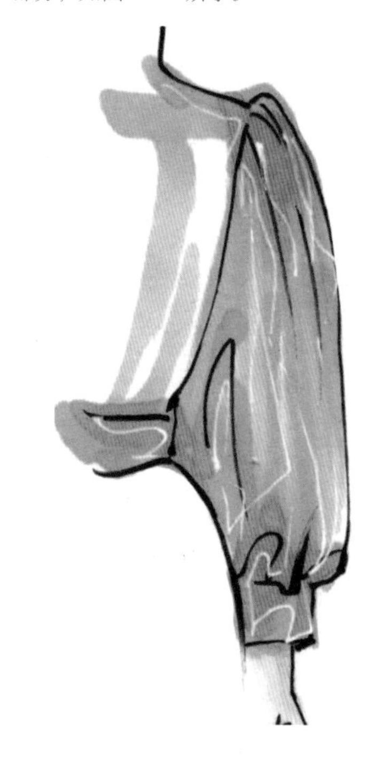

图 5-42

短袖的绘制步骤

step 01 用黑色马克笔画出短袖的造型，如图 5-43 所示。

图 5-43

step 02 用 TOUCH 37 号马克笔画出衣袖的固有色，如图 5-44 所示。

图 5-44

step 03 用 TOUCH 41 号马克笔画出袖子的暗部颜色，如图 5-45 所示。

图 5-45

灯笼袖的绘制步骤

step 01 用黑色毛笔画出袖子的造型，如图 5-46 所示。

step 02 用 TOUCH CG5 号马克笔画出袖子的固有色，如图 5-47 所示。

step 03 用 TOUCH CG6 号马克笔画出袖子的暗部颜色，最后用高光笔画出高光部分，如图 5-48 所示。

图 5-46

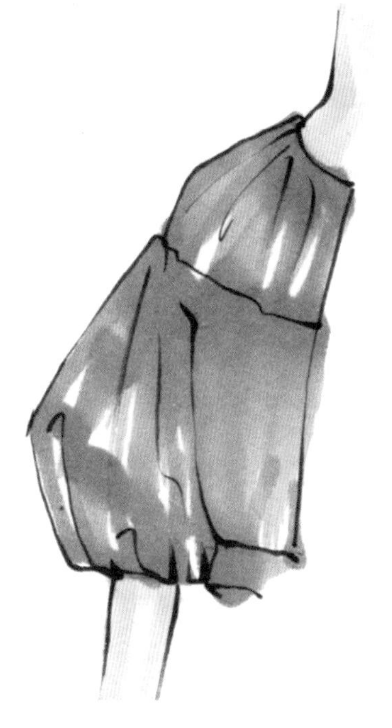

图 5-47

图 5-48

直袖的绘制步骤

step 01 用黑色毛笔画出衣袖的造型，如图 5-49 所示。

step 02 用黑色针管笔画出袖子的镂空图案，如图 5-50 所示。

step 03 用 TOUCH 24 号和 TOUCH 56 号马克笔画出衣袖的固有色，如图 5-51 所示。

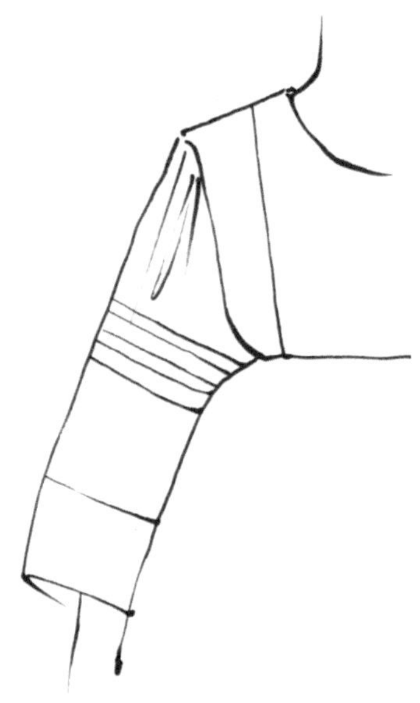

图 5-49

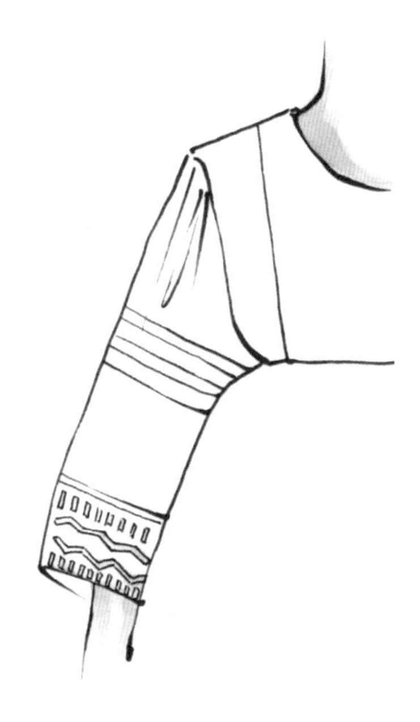

图 5-50

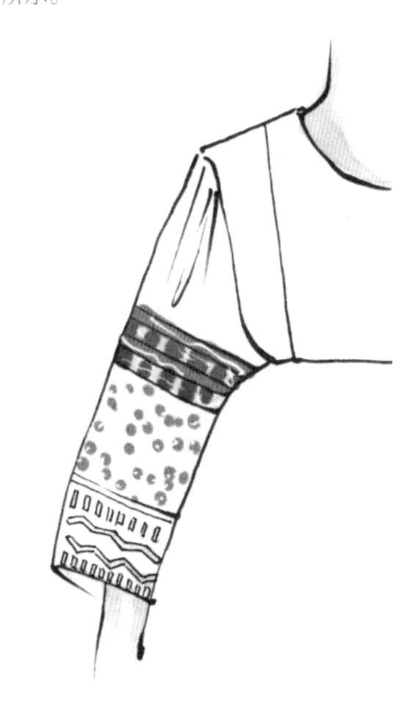

图 5-51

5.1.4 下摆

服装下摆指衣裙的下部，包括底边、下开口，即有底、边、口之意。所以，也可以称之为衣口或裙口。裙摆多覆盖在人体腰线以下部分，裙摆因职业、季节、表现形式不同，会设计出千变万化的造型。按裙摆廓形的变化分为紧身型、斜角型、宝塔型和圆型等；按裙摆的长短分为超短型、短型、中长型和长型等。

下摆的绘制表现

抽褶下摆的绘制步骤

step 01 用黑色毛笔画出下摆的固有造型，如图 5-52 所示。

图 5-52

step 02 用 TOUCH 183 号马克笔画出下摆的底色，注意笔触，如图 5-53 所示。

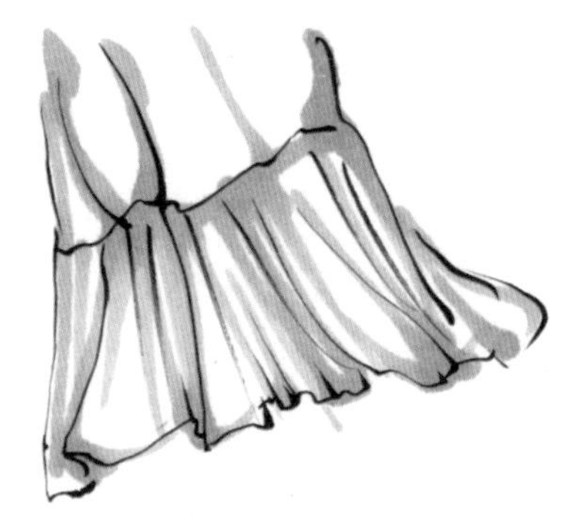

图 5-53

step 03 最后用 TOUCH 76 号马克笔画出抽褶位置的暗部颜色，如图 5-54 所示。

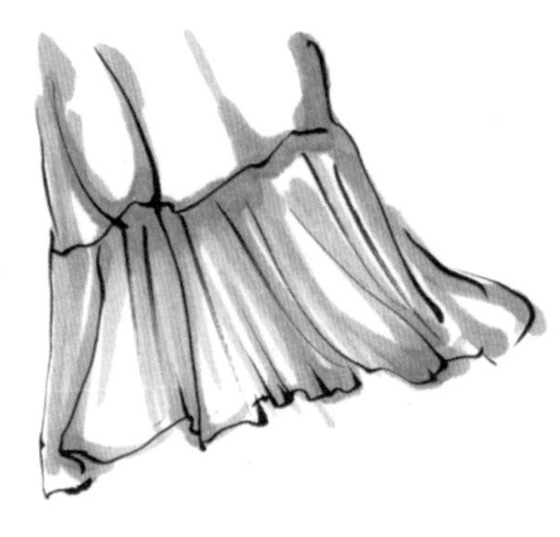

图 5-54

不对称下摆的绘制步骤

step 01 用黑色毛笔画出下摆的造型，如图 5-55 所示。

图 5-55

step 02 用 TOUCH CG7 号马克笔画出衣服的底色，如图 5-56 所示。

图 5-56

step 03 先用 TOUCH 120 号马克笔画出下摆的暗部颜色，再用黑色针管笔画出内部细节线条，最后用高光笔画出高光部分，如图 5-57 所示。

图 5-57

层叠式下摆的绘制步骤

step 01 用黑色毛笔画出下摆的造型，注意层叠式绘制的线条表现，如图 5-58 所示。

step 02 用 TOUCH 62 号马克笔平铺下摆的底色，如图 5-59 所示。

step 03 先用 TOUCH 62 号马克笔加深暗部颜色，再用 TOUCH 2 号马克笔和白色高光笔点缀裙摆的图案，如图 5-60 所示。

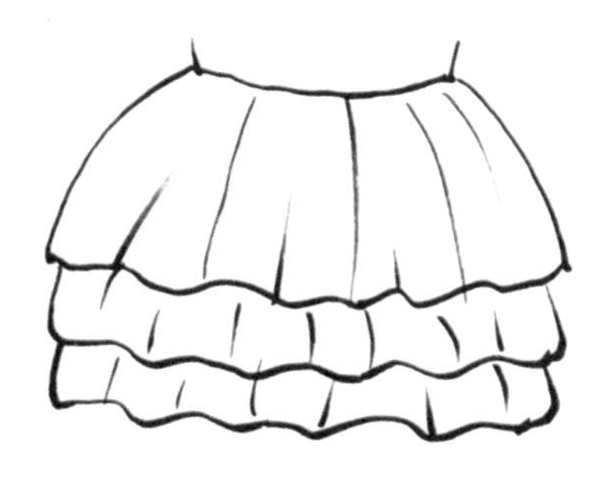
图 5-58

图 5-59

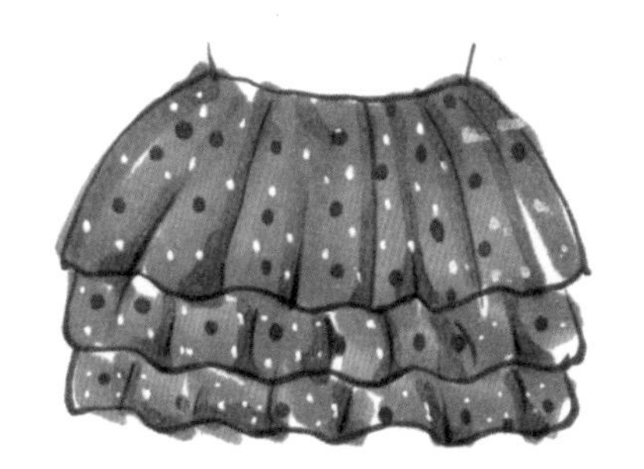
图 5-60

荷叶边下摆的绘制步骤

step 01 用黑色毛笔画出裙摆的造型，如图 5-61 所示。

step 02 用 TOUCH 77 号马克笔画出裙摆的固有色，注意笔触，如图 5-62 所示。

step 03 先用 TOUCH 83 号马克笔画出裙摆的暗部颜色，最后用高光笔画出高光部分，如图 5-63 所示。

图 5-61

图 5-62

图 5-63

喇叭裤下摆的绘制步骤

step 01 用黑色毛笔画出裤摆的造型，注意人走动时裤摆的前后关系，如图 5-64 所示。

step 02 用 TOUCH 183 号马克笔画出裤摆的固有色，注意笔触，如图 5-65 所示。

step 03 先用 TOUCH 76 号马克笔画出暗部颜色，最后用高光笔画出高光部分，如图 5-66 所示。

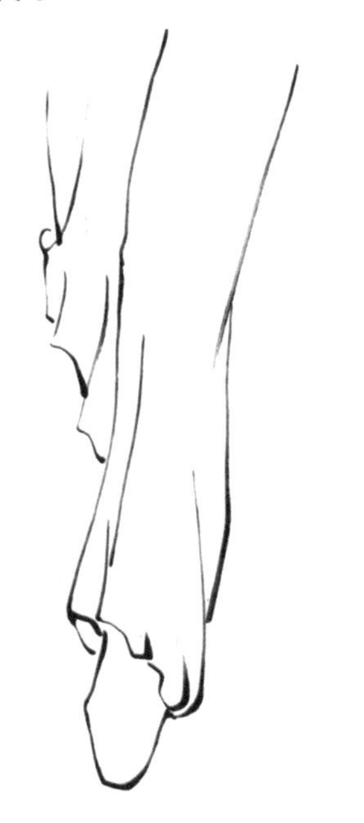
图 5-64

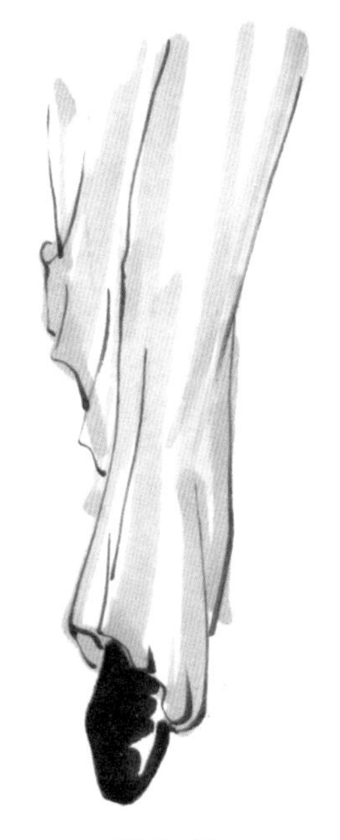
图 5-65

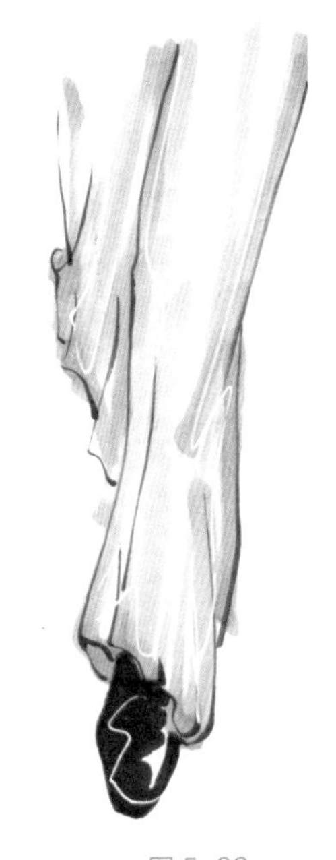
图 5-66

开叉下摆的绘制步骤

step 01 用黑色毛笔画出裤子下摆的造型，如图 5-67 所示。

step 02 用 TOUCH 11 号马克笔平铺裤子的底色，如图 5-68 所示。

step 03 先用 TOUCH 5 号马克笔加深裤摆的暗部颜色，再用 TOUCH 120 号马克笔画出纽扣的固有色，最后用高光笔画出高光部分，如图 5-69 所示。

图 5-67

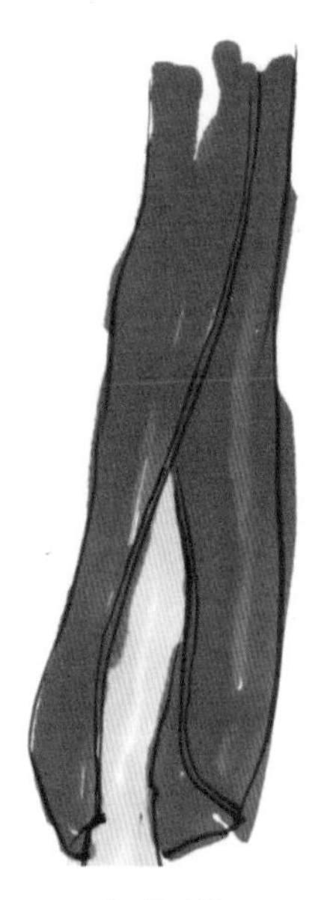

图 5-68

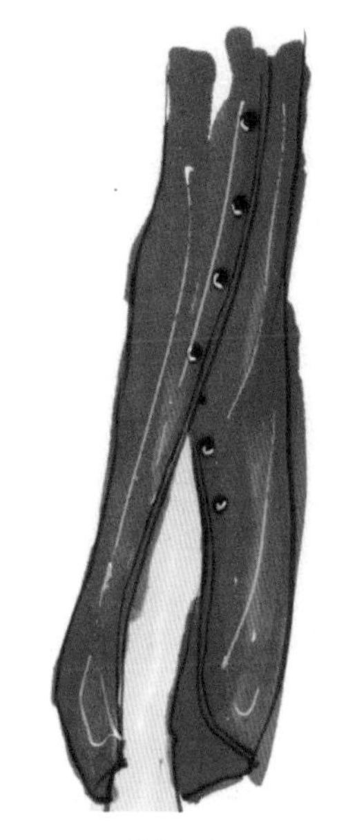

图 5-69

5.1.5 口袋

口袋具有实用性和装饰性两大特点。实用性主要体现在它的功能上，可以随身收纳多种小件的物品；装饰性口袋以装饰为主，功能为辅，主要体现在它的外观效果上。

口袋按结构特点可分为贴袋、插袋和挖袋三种。贴袋直接附在服装的表面，装饰效果强；插袋一般与结构线结合应用，因而不影响外观美感；挖袋是指在服装表面的合适位置剪开后在内侧添加内衬而缝合的口袋，在西装中经常出现。

口袋的绘制表现

贴袋的绘制步骤

step 01 先用黑色毛笔画出口袋的造型，如图 5-70 所示。

step 02 用 TOUCH CG7 号马克笔平铺口袋的底色，如图 5-71 所示。

step 03 先用 TOUCH 120 号马克笔画出口袋的暗部颜色，再用黑色针管笔画出细节，最后用高光笔画出高光部分，如图 5-72 所示。

图 5-70

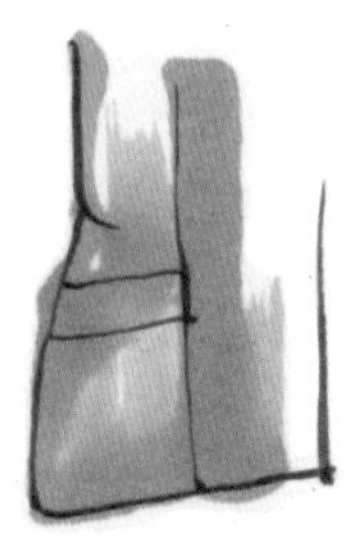

图 5-71

图 5-72

盖袋的绘制步骤

step 01 用黑色毛笔画出口袋的造型，如图 5-73 所示。

step 02 用 TOUCH 56 号马克笔平铺口袋的底色，如图 5-74 所示。

step 03 先用 TOUCH 55 号马克笔画出口袋的暗部颜色，再用黑色毛笔画出纽扣的固有色，最后用高光笔画出高光部分，如图 5-75 所示。

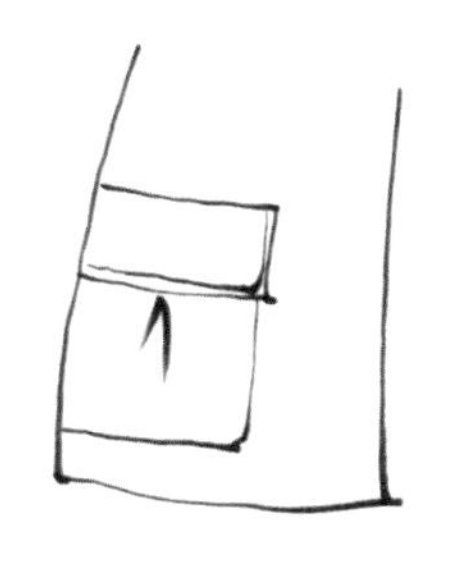

图 5-73

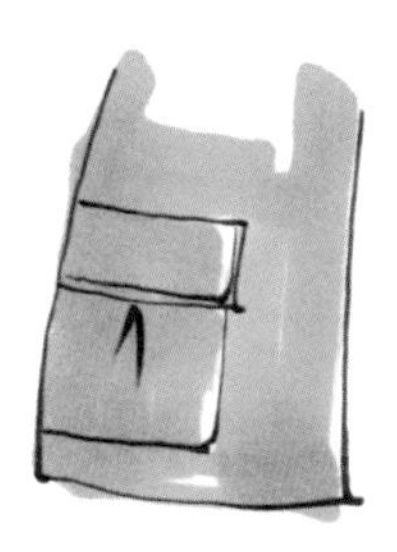

图 5-74

图 5-75

插袋的绘制步骤

step 01 用黑色毛笔画出插袋的造型，如图 5-76 所示。

step 02 用 TOUCH 183 号马克笔平铺口袋的底色，如图 5-77 所示。

step 03 先用 TOUCH 76 号马克笔画出口袋位置的暗部颜色，再用蓝色针管笔画出口袋的细节，最后用高光笔画出高光部分，如图 5-78 所示。

图 5-76

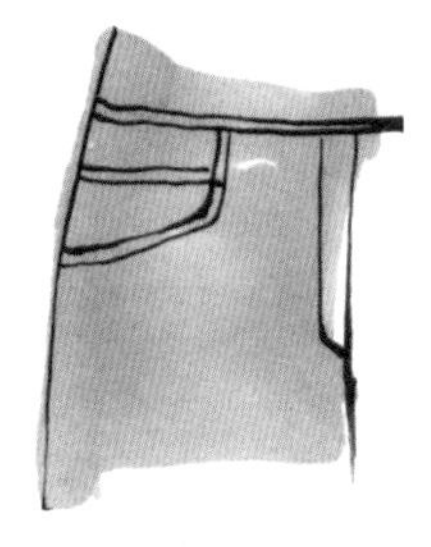

图 5-77

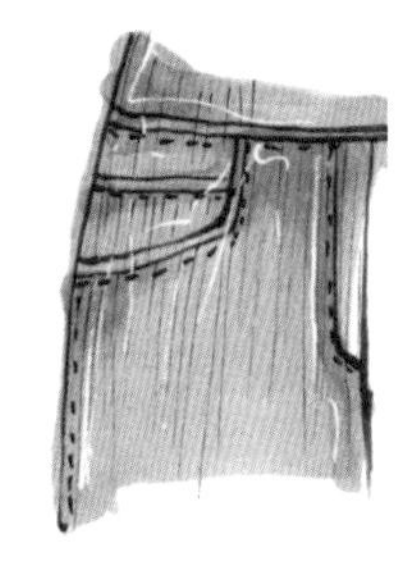

图 5-78

装饰口袋 1 的绘制步骤

step 01 用黑色毛笔画出插袋的造型，如图 5-79 所示。

step 02 用 TOUCH 27 号和 TOUCH BG1 号马克笔画出口袋的固有色，如图 5-80 所示。

step 03 先用 TOUCH BG5 号和 TOUCH 136 号马克笔加深口袋的暗部颜色，最后用高光笔画出高光部分，如图 5-81 所示。

图 5-79

图 5-80

图 5-81

装饰口袋 2 的绘制步骤

step 01 用黑色毛笔画出插袋的造型，如图 5-82 所示。

step 02 用 TOUCH 9 号马克笔平铺口袋的底色，如图 5-83 所示。

step 03 先用 TOUCH 11 号画出口袋的纹理特征，最后用高光笔画出高光部分，如图 5-84 所示。

图 5-82

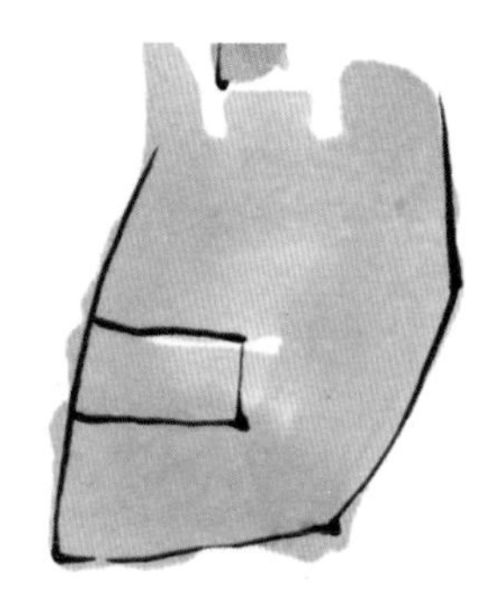

图 5-83

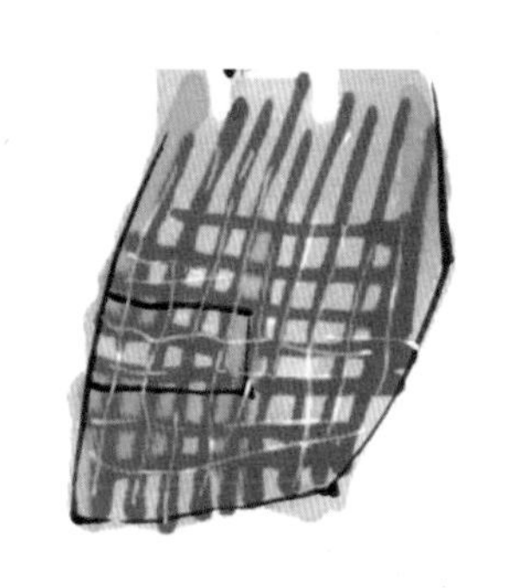

图 5-84

5.2 褶皱表现

服装的褶皱可以分为两大类：一类是因人体运动而产生的挤压褶或拉伸褶，这类褶皱在马克笔时装画中一般会进行适当的弱化或直接使用线条来表示，以突出服装外观的整体性。另一类是通过工艺手段而形成的具有装饰效果的工艺褶，在马克笔时装画中，工艺褶是表现的一个重点，借助不同的绘制方式，我们可以更加灵活地表现褶皱的变化。

5.2.1 垂褶

垂褶是褶皱中最自然的形态，是悬挂的布料因受到重力的影响而产生垂直向下的褶皱。褶皱的形态受到布料悬垂性的影响，如丝绸面料的悬垂性好，垂褶就会非常明显。

垂褶的形态是不规则的，在表现时要注意每条褶皱的宽窄和长短，线条可以自由一些，不要画得千篇一律，如图 5-85 所示。

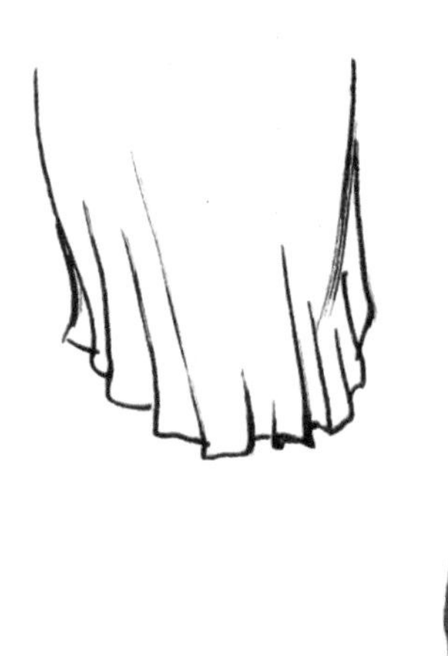

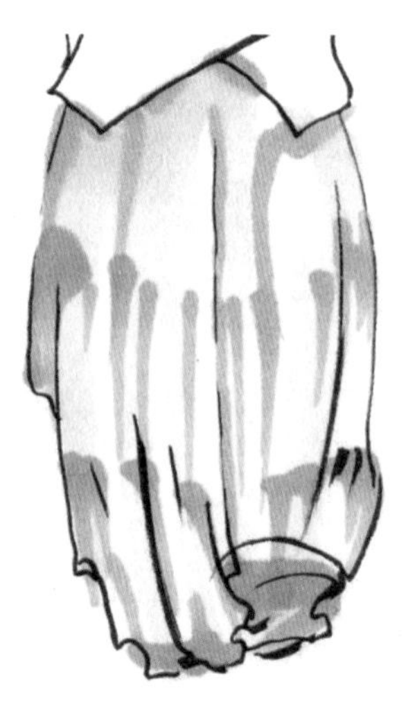

图 5-85

5.2.2 抽褶

抽褶的褶皱是不规则的，其特点是从固定线向外呈现放射状发散，其起伏程度和长短是由挤压的宽度来决定的。门襟上的碎褶花边和裙摆上的荷叶边，都是运用抽褶的典型案例，如图 5-86 所示。

图 5-86

5.2.3 压褶

压褶的本质是折叠褶，只不过是采用机器加工的形式对面料进行定型，而非传统的缝纫定型。因此压褶通常采用较薄的面料，褶皱也非常细密。

在绘制压褶时，首先要把握的是服装的整体性，然后是褶皱根据人体运动而发生的变化。因为压褶非常细密，在马克笔时装画中，经常会使用排列的线条来表现，如图 5-87 所示。

图 5-87

5.2.4 折叠褶

折叠褶是服装常用的塑形手段，因为折叠、重合的部分增加了面料的厚度和挺括度，使面料能够保持特定的外形。从整体外观形态上来看，折叠褶可以分为规则折叠褶和不规则折叠褶两种。从折叠的方法上来看，折叠褶又可以进行多种分类，如刀褶、暗褶、箱褶等，如图 5-88 所示。

图 5-88

5.2.5 螺旋褶

将布料缠绕在身体上是人类最早的着装方式之一，而依靠褶皱来贴合女性身体曲线的裙装受到了全世界女性的热爱。在表现缠绕褶皱时需要注意，褶皱呈现出不规则排列的半弧形，因为身体的立体结构，缠绕褶呈现两端收紧、中间展开的状态，如图 5-89 所示。

图 5-89

图 5-89（续）

5.3 人体着装表现

Chapter 06

服饰质感的表现

面料是服装的根本，服装设计师们通过面料体现自身的特点和独创性。服装效果图中的面料按质感大致可以分为薄纱面料、亚麻面料、毛呢面料、针织面料、皮革面料和皮草面料等。

6.1 服装面料质感表现

服装面料在服装设计中起着至关重要的作用，主要是通过图案和质感两方面来体现的。

6.1.1 薄纱面料

透明薄纱一类为软纱，柔软半透明，质地较柔和。另一类为硬纱质地，轻盈却有一定的硬挺度；外观清淡雅洁，具有良好的透气性和悬垂性。

薄纱面料的绘制步骤

step 01 用铅笔画出面料的褶皱，如图 6-1 所示。

step 02 用 TOUCH 172 号马克笔画出薄纱面料之间的重叠性，如图 6-2 所示。

step 03 用 TOUCH 167 号马克笔平铺面料，画出基底色，如图 6-3 所示。

step 04 用绿色和白色彩铅画出面料的纹理，如图 6-4 所示。

图 6-1

图 6-2

图 6-3

图 6-4

6.1.2 亚麻面料

亚麻布是经亚麻捻成线并编织而成，表面不像化纤和棉布那样平滑，具有生动的凹凸纹理。

亚麻面料的绘制步骤

step 01 用 TOUCH WG1 号马克笔平铺面料的底色，如图 6-5 所示。

step 02 用 TOUCH WG3 号马克笔画出部分亚麻面料的经纬线，如图 6-6 所示。

step 03 用高光笔和黑色彩铅混合刻画经纬线，如图 6-7 所示。

step 04 用灰色彩铅画出亚麻的凹凸纹理，如图 6-8 所示。

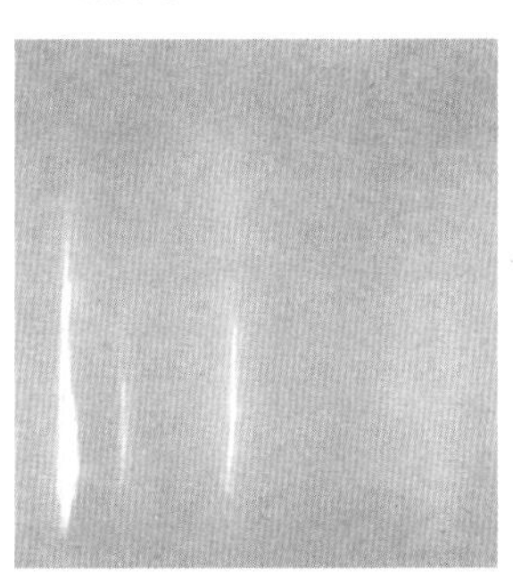

图 6-5

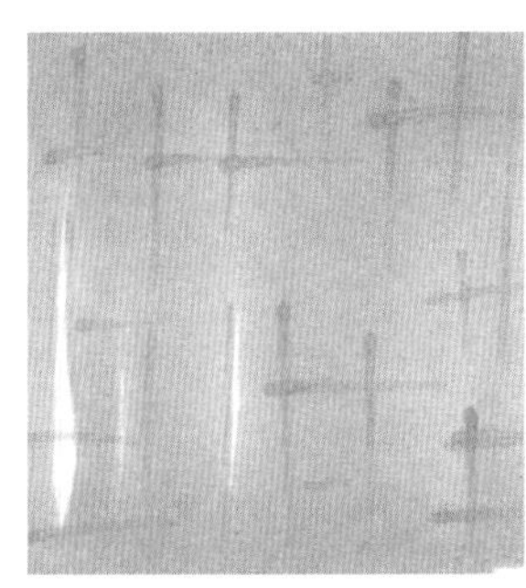

图 6-6

图 6-7

图 6-8

6.1.3 毛呢面料

毛料又叫呢绒，是用各类羊毛、羊绒织成的织物或人造毛等纺织成的衣料。毛呢面料的种类也是非常丰富的，其最大的特点就是具有防皱及保暖性能，而且在手感方面更加具有弹性。

毛呢面料的绘制步骤

step 01 用 Touch12 号马克笔平铺底色，如图 6-9 所示。

step 02 待画纸干后，用深红色勾线笔紧密地勾满波浪线斜线，如图 6-10 所示。

step 03 用高光笔随意零散地点满画面，表现出面料的肌理感，如图 6-11 所示。

step 04 进一步用深红色勾线笔刻画面料的纹理，完成最终效果，如图 6-12 所示。

图 6-9

图 6-10

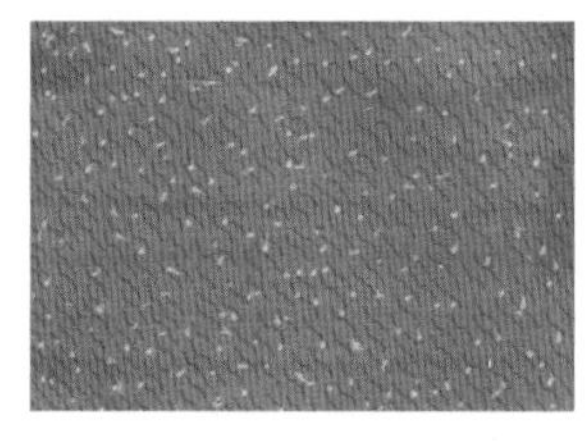

图 6-11

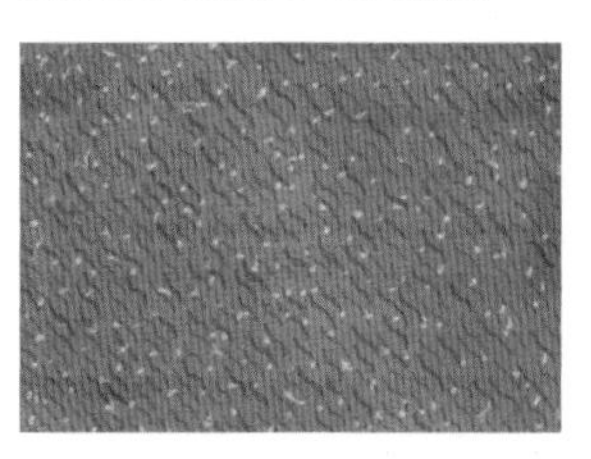

图 6-12

6.1.4 牛仔面料

牛仔布也叫作丹宁布，是一种较粗厚的色织经面斜纹棉布，经纱颜色深，一般为靛蓝色，纬纱颜色浅，一般为浅灰或本白色，又称靛蓝劳动布。靛蓝是一种协调色，能与各种颜色的上衣相配，四季皆宜。

牛仔面料的特性：纯棉粗支纱斜纹布，容易吸收水分，吸汗、透气性很好，穿着舒适，质地厚实，经过适当处理，可以防皱防变形。

牛仔面料的绘制步骤

step 01 用 Touch76 号马克笔平铺底色，注意亮部需要留白处理，如图 6-13 所示。

step 02 待画纸干后，再用快干的 Touch76 号马克笔加深暗部，表现面料表面的颗粒状，如图 6-14 所示。

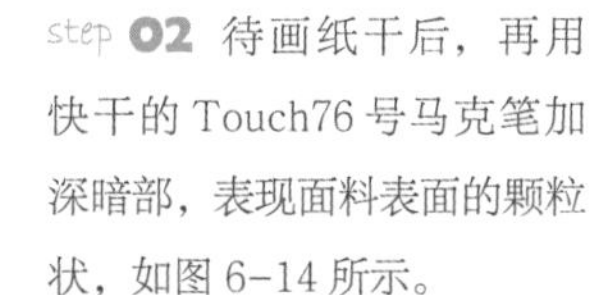

step 03 选用深蓝色的勾线笔均匀地勾满斜线，表现面料的肌理感，如图 6-15 所示。

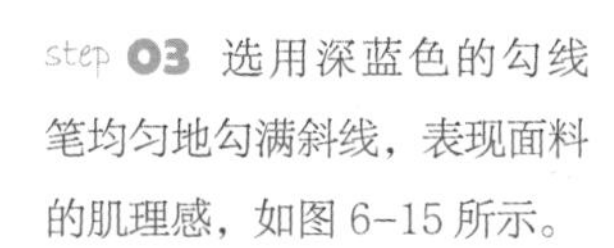

step 04 用黑色水性笔勾画长短不一的短横线，并画出高光，完成最终效果，如图 6-16 所示。

图 6-13

图 6-14

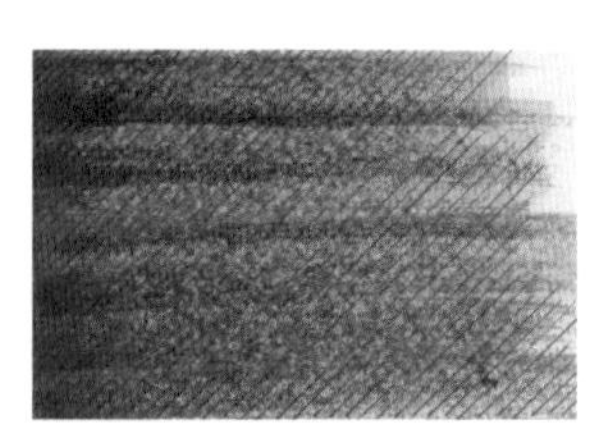

图 6-15

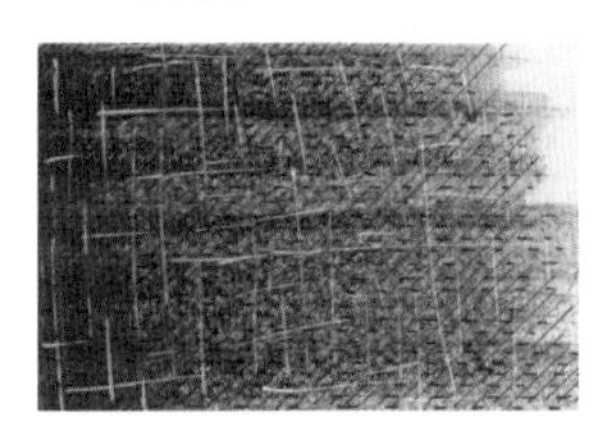

图 6-16

6.1.5 针织面料

针织面料是利用织针将纱线弯曲成圈并相互串套而形成的织物，分为纬编和经编。目前，针织面料广泛应用于服装面料及里料中，广受消费者的喜爱。

针织面料弹性较好，具有吸湿透气、舒适保暖等特性。

针织面料的绘制步骤

step 01 用 Touch59 号马克笔浅色平铺底色，如图 6-17 所示。

step 02 继续用 Touch59 号马克笔加深底色来突出面料的肌理感，如图 6-18 所示。

step 03 先用 Touch46 号马克笔绘制出针织面料的纹理，再用黑色勾线笔画出细节，完成最终效果，如图 6-19 所示。

图 6-17

图 6-18

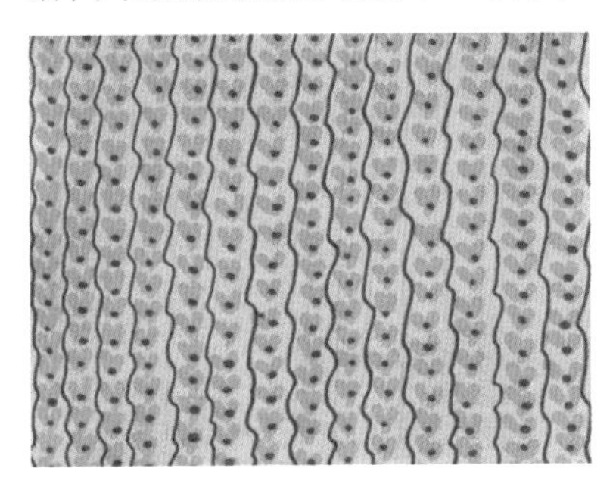

图 6-19

6.1.6 条纹面料

条纹面料是几何图案中的一种，具有简单、明确和装饰性强等特点。它通过线条的不同粗细、不同方向、不同色彩和不同排列来表现不同的图案效果，展现出多种不同的服装风格。

条纹面料的绘制步骤

step 01 用 TOUCH 28 号马克笔平铺纸张底色，如图 6-20 所示。

step 02 用 TOUCH 9 号马克笔画出粉色的条状，如图 6-21 所示。

step 03 用 TOUCH 70 号马克笔画出蓝色的条状，如图 6-22 所示。

step 04 用 TOUCH 103 号马克笔画出棕色的条状，如图 6-23 所示。

图 6-20

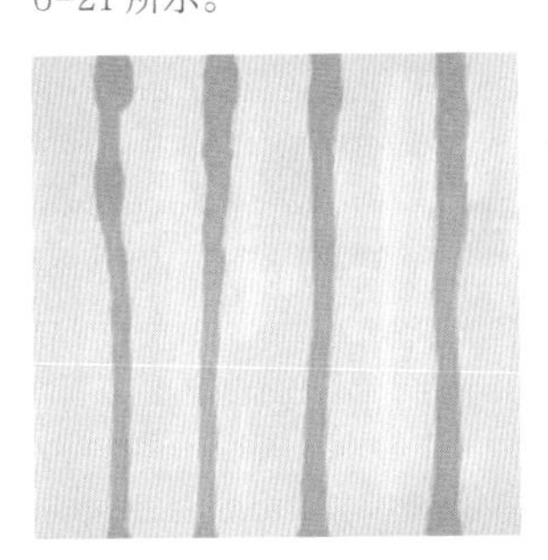

图 6-21

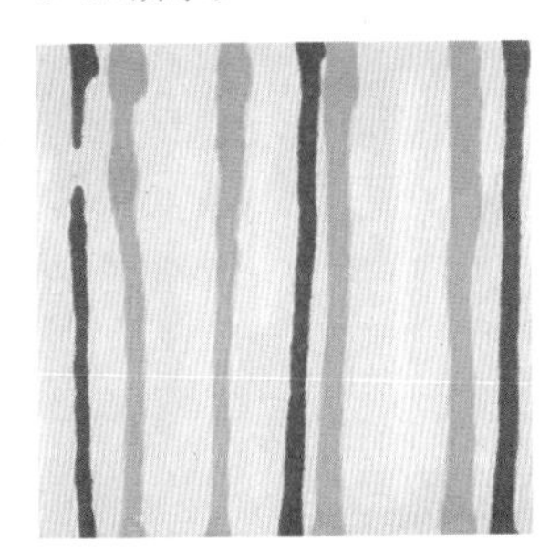

图 6-22

图 6-23

6.1.7 波点图案面料

波点图案是最具复古色彩的图案之一，充满了可爱、轻松的时尚感，始终是各大品牌设计师们热爱的时尚元素之一。

波点图案面料的绘制步骤

step 01 用 TOUCH 49 号马克笔平铺纸张底色，如图 6-24 所示。

step 02 用 TOUCH 103 号马克笔点出棕色圆点，如图 6-25 所示。

step 03 用 TOUCH 68 号马克笔点出蓝色圆点，如图 6-26 所示。

step 04 用 TOUCH 120 号马克笔点出黑色圆点，如图 6-27 所示。

图 6-24

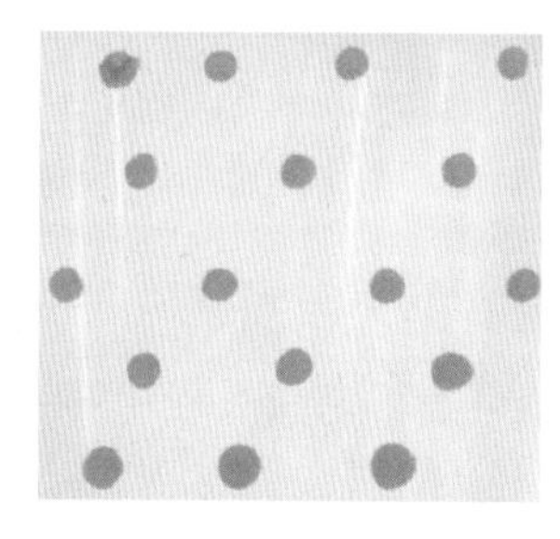

图 6-25

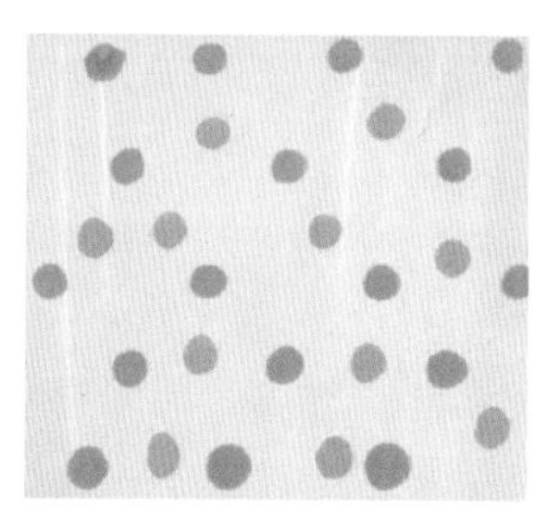

图 6-26

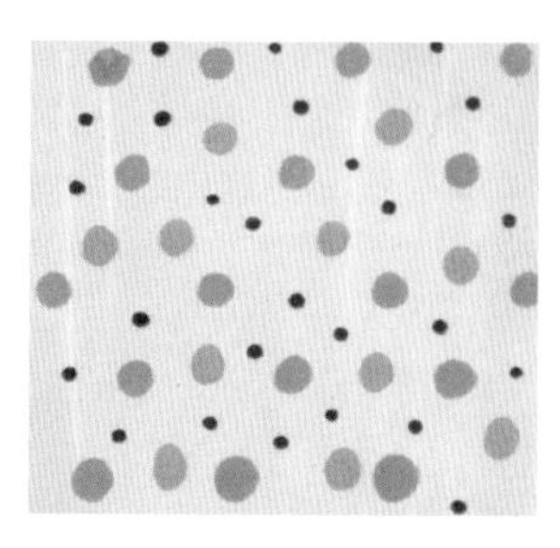

图 6-27

6.1.8 花卉图案面料

花卉图案是服装设计中最常用的一种装饰元素，被广泛应用于服装设计中。它通常以印染、刺绣和立体造型等多种形式出现在不同的服装中。

花卉图案面料的绘制步骤

step 01 用铅笔画出花卉的图案，如图 6-28 所示。

step 02 先用 TOUCH BG1 号马克笔平铺面料的底色，再用 TOUCH 11 号马克笔画出花朵的固有色，如图 6-29 所示。

step 03 先用 TOUCH BG3 号马克笔加深底布的暗色，再用 TOUCH 56 号马克笔画出叶子的固有色，如图 6-30 所示。

step 04 先用 TOUCH 2 号和 TOUCH 55 号马克笔加深花朵和叶子的暗部颜色，最后点缀高光颜色，如图 6-31 所示。

图 6-28

图 6-29

图 6-30

图 6-31

6.1.9 印花面料

印花面料分为两种，一种是用坏布印花纸高温印染加工而成的；另一种是手工印花面料，包括蜡染、扎染、扎花、手绘、手工台板印花等。

印花面料的绘制步骤

step 01 用铅笔画出图案纹理，如图 6-32 所示。

step 02 用 TOUCH 120 号马克笔为纸面填充底色，如图 6-33 所示。

step 03 用 TOUCH 57 号马克笔填充图案的颜色，如图 6-34 所示。

step 04 用针管笔细化叶子图案，调整细节，如图 6-35 所示。

图 6-32

图 6-33

图 6-34

图 6-35

6.1.10 蕾丝面料

蕾丝面料通常指的是有刺绣的面料，也叫绣花面料。按其种类特点可以分为有弹蕾丝面料和无弹蕾丝面料，统称为花边面料。蕾丝面料用途非常广，可以覆盖整个纺织行业。

蕾丝面料因面料质地轻薄而通透，具有精雕细琢的奢华感和浪漫气息的特质。

蕾丝面料的绘制步骤

step 01 用铅笔画出蕾丝图案，如图 6-36 所示。

step 02 用粗细不同的针管笔勾勒主体图案，如图 6-37 所示。

step 03 细致地勾勒完整图案，如图 6-38 所示。

step 04 用 TOUCH 65 号马克笔画出底布的颜色，如图 6-39 所示。

图 6-36

图 6-37

图 6-38

图 6-39

6.1.11 巴宝莉经典格纹面料

巴宝莉格纹面料是巴宝莉服装公司开发的一种新型格纹面料，现在已经成为了服装面料的经典。

巴宝莉经典格纹面料的绘制步骤

step 01 用铅笔画出格纹形状，如图 6-40 所示。

step 02 用 TOUCH 49 号马克笔绘制面料的底色，如图 6-41 所示。

step 03 先用 TOUCH 11 号和 TOUCH 120 号马克笔点出格子，再用白色彩铅画出面料纹理，如图 6-42 所示。

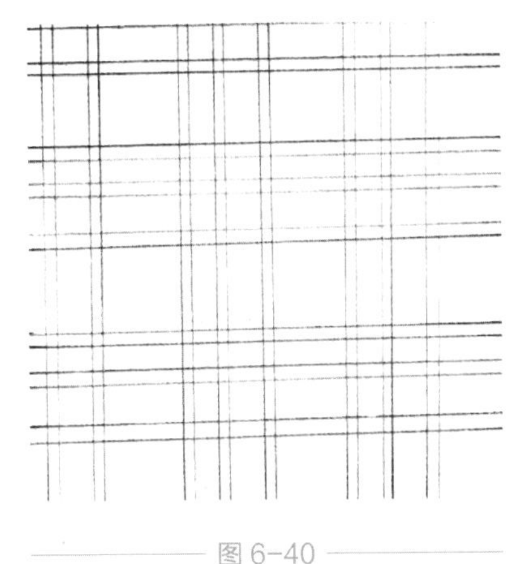

图 6-40

图 6-41

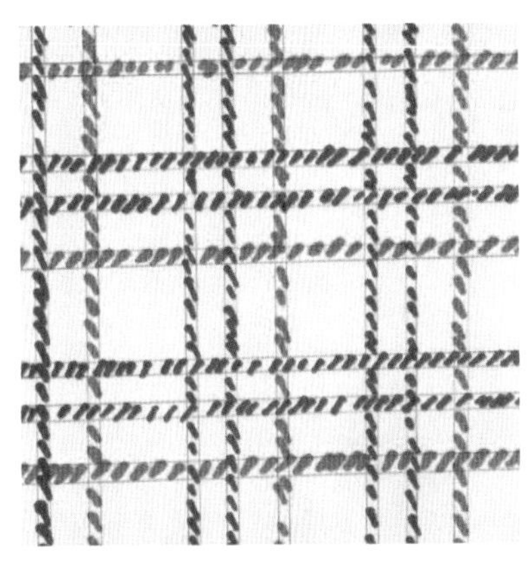

图 6-42

6.1.12 苏格兰格纹面料

苏格兰人最初以家族为单位生活，各个家族内部慢慢形成了自己特有的方格纹图案。苏格兰格纹的纹路变化多端，可繁可简。

苏格兰格纹面料的绘制步骤

step 01 用铅笔画出格纹的形状，如图 6-43 所示。

step 02 用 TOUCH 11 号和 TOUCH 120 号马克笔涂画格子，如图 6-44 所示。

step 03 用 TOUCH 15 号马克笔平铺面料的底色，如图 6-45 所示。

step 04 先用 TOUCH 120 号马克笔画出分割的格子，然后用针管笔勾线，最后用白色彩铅画出面料的纹理，如图 6-46 所示。

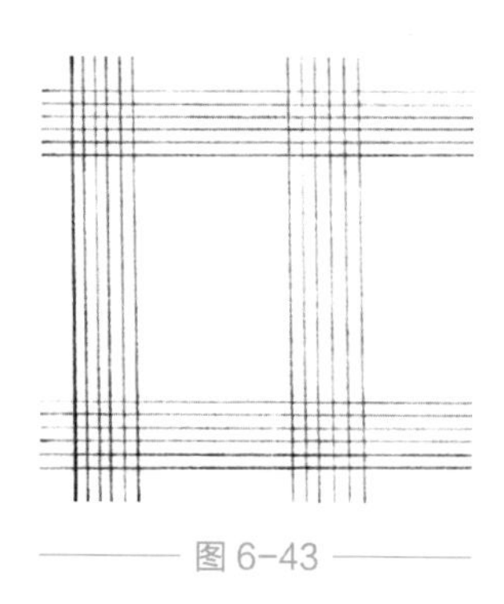

图 6-43

图 6-44

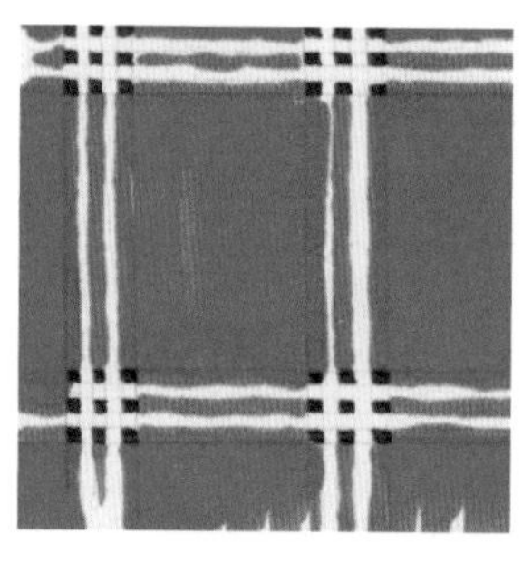

图 6-45

图 6-46

6.1.13 皮质方格纹面料

革是由天然蛋白质纤维在三维空间紧密编织构成的。其表面有一种特殊的粒面层，具有自然的粒纹和光泽，手感舒适。

皮质方格纹面料的绘制步骤

step 01 用铅笔画出格子图案，如图 6-47 所示。

step 02 用 TOUCH BG3 号马克笔沿着光影垂直的方向横扫上色并部分留白，如图 6-48 所示。

step 03 用 TOUCH BG5 和 TOUCH BG7 号马克笔依次画出暗部，如图 6-49 所示。

step 04 先用黑色彩铅修饰过渡的光影颜色，再用高光笔画明线，调整画面的整体效果，如图 6-50 所示。

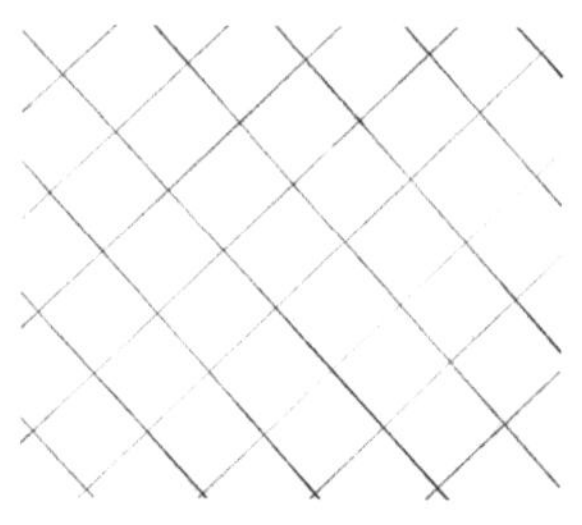

图 6-47

图 6-48

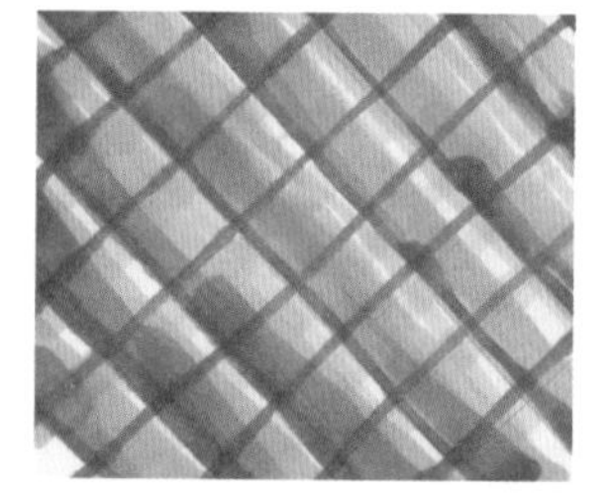

图 6-49

图 6-50

6.1.14 鳄鱼皮面料

鳄鱼皮面料美在它天然渐变的方格纹路，质地非常结实，光泽度强。

鳄鱼皮面料的绘制步骤

step 01 用 TOUCH 97 号马克笔平涂纸面，如图 6-51 所示。

step 02 用黑色彩铅画出纹理，如图 6-52 所示。

step 03 用 TOUCH 101 号马克笔刻画纹路的暗部，如图 6-53 所示。

step 04 深入刻画细节，再用高光笔画出高光部分，如图 6-54 所示。

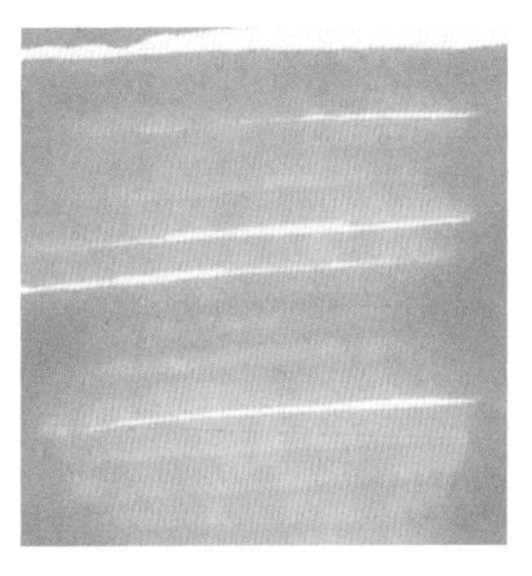

图 6-51

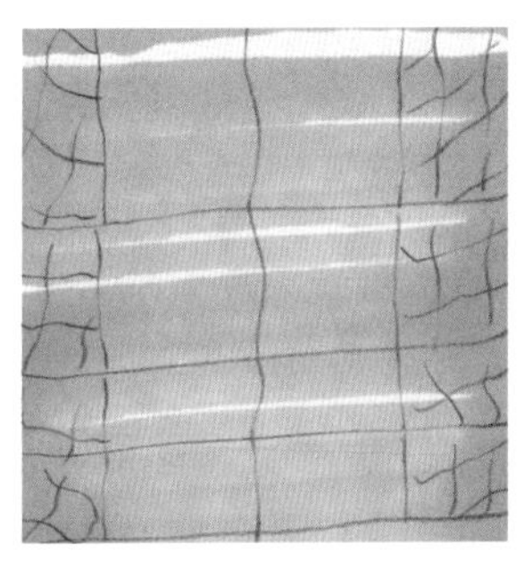

图 6-52

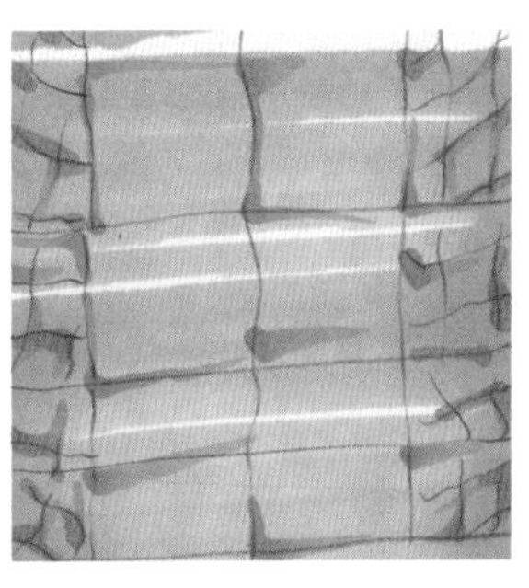

图 6-53

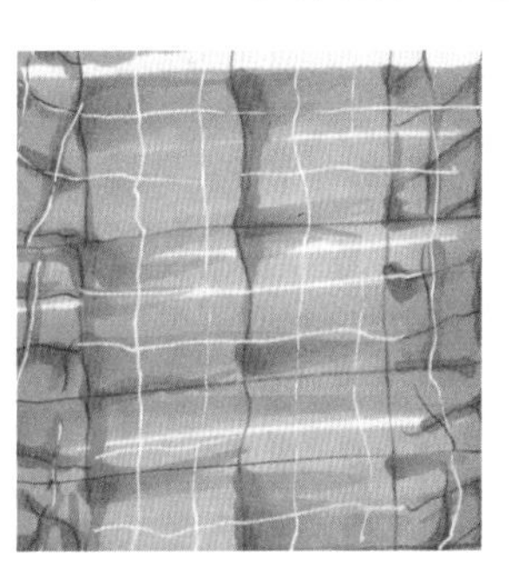

图 6-54

6.1.15 虎纹面料

虎纹面料的画法虽然简单，但能显示霸气和神秘的特征。

虎纹面料的绘制步骤

step **01** 用 TOUCH 44 号马克笔平涂纸面，如图 6-55 所示。

step **02** 用铅笔画出纹路，如图 6-56 所示。

step **03** 用 TOUCH 120 号马克笔填充纹理，调整细节，如图 6-57 所示。

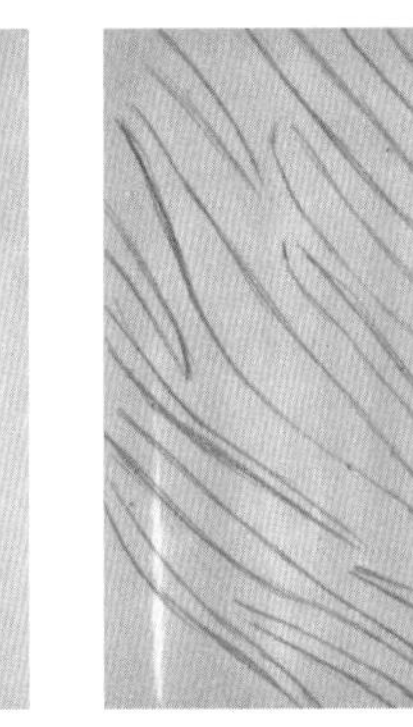

图 6-55

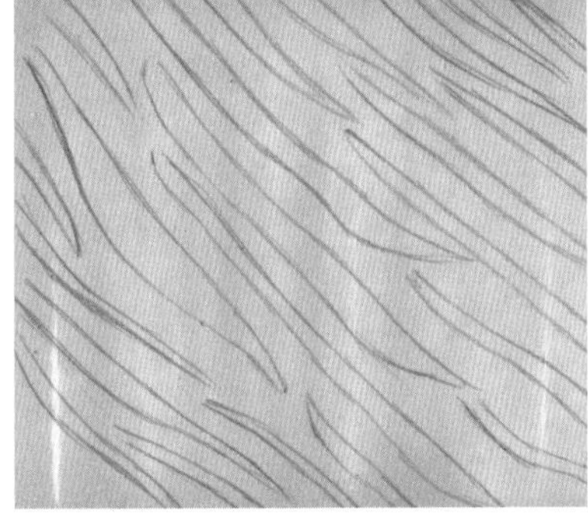

图 6-56

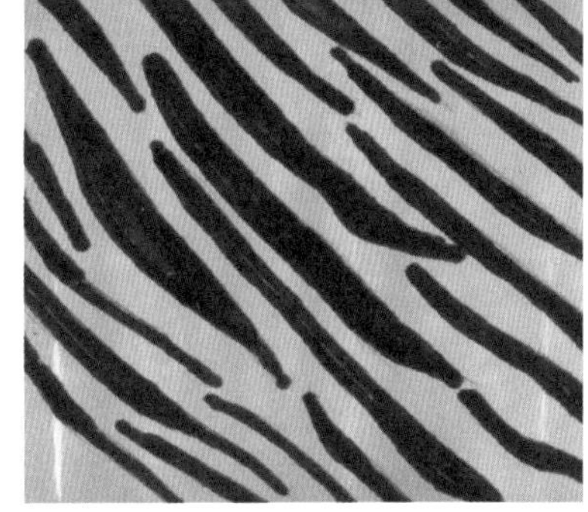

图 6-57

6.1.16 蛇纹面料

蛇纹非常独特且十分漂亮，不过要画好则需要极大的耐心。

蛇纹面料的绘制步骤

step **01** 用 TOUCH 9 号马克笔平涂纸面，如图 6-58 所示。

step **02** 用 TOUCH CG3 号马克笔画出纹理，如图 6-59 所示。

step **03** 用黑色彩铅画出鳞片的排列方向，如图 6-60 所示。

图 6-58

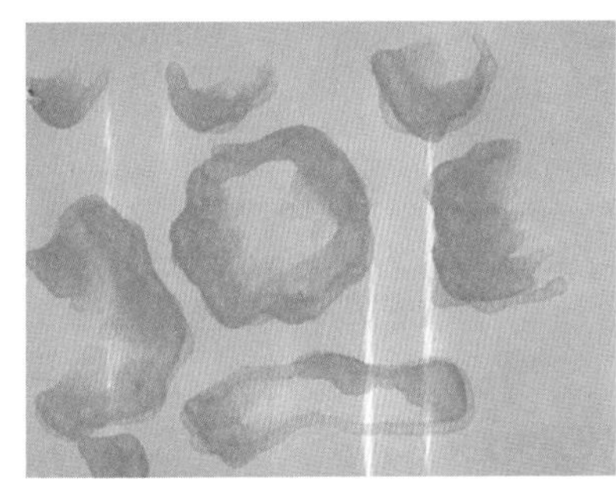

图 6-59

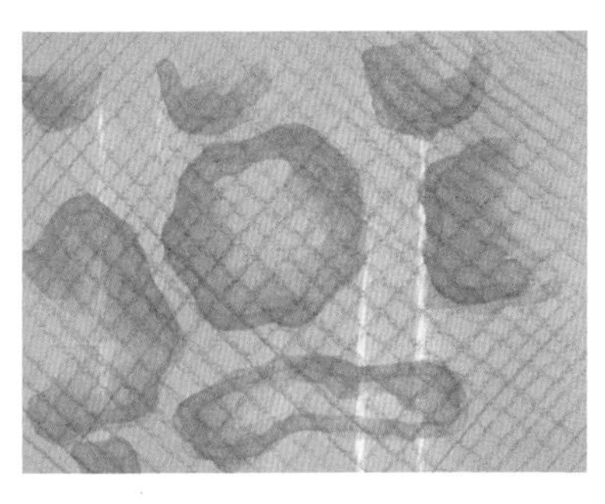

图 6-60

6.1.17 豹纹面料

性感而充满野性的豹纹是必不可少的时尚元素。

豹纹面料的绘制步骤

step 01 用 TOUCH 103 号马克笔平铺底色，如图 6-61 所示。

图 6-61

step 02 用 TOUCH 120 号马克笔画出豹纹图案，如图 6-62 所示。

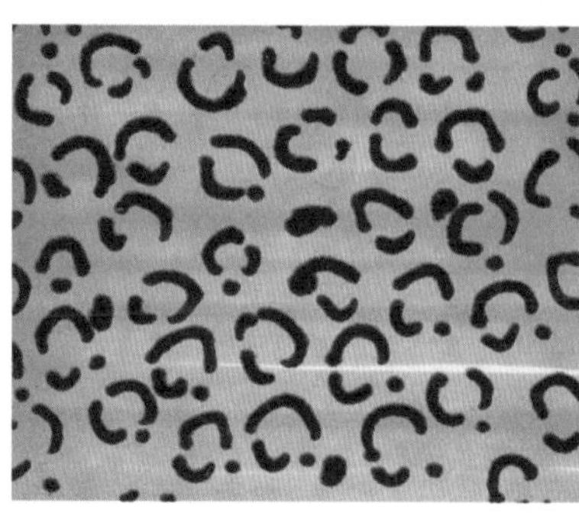

图 6-62

step 03 用 TOUCH 94 号马克笔填充图案颜色，如图 6-63 所示。

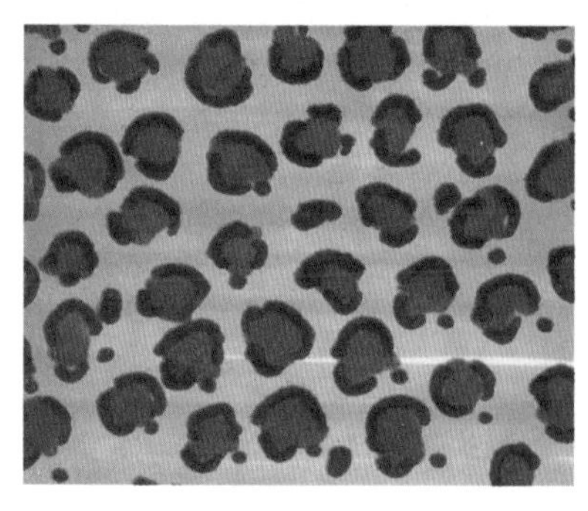

图 6-63

6.1.18 皮草面料

皮草是指利用动物的皮毛所制成的服装，具有保暖作用。

皮草的特点是丰满、厚重、柔软、垂坠感强、色彩柔和、光泽度好。

皮草面料的绘制步骤

step 01 先用铅笔勾勒出结构的走向，再用 Touch107 号马克笔平铺底色，如图 6-64 所示。

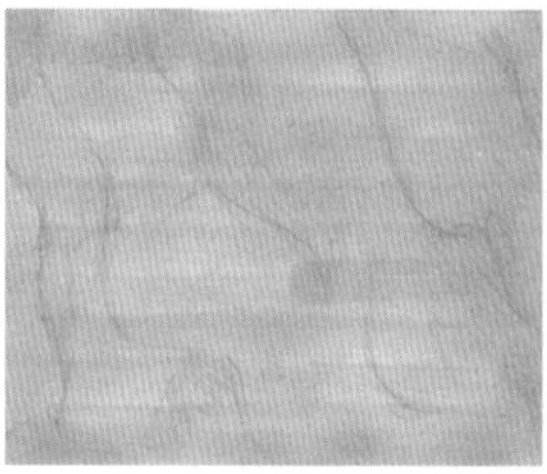

图 6-64

step 02 待画纸干后，用 Touch107 号马克笔加深暗部的颜色，如图 6-65 所示。

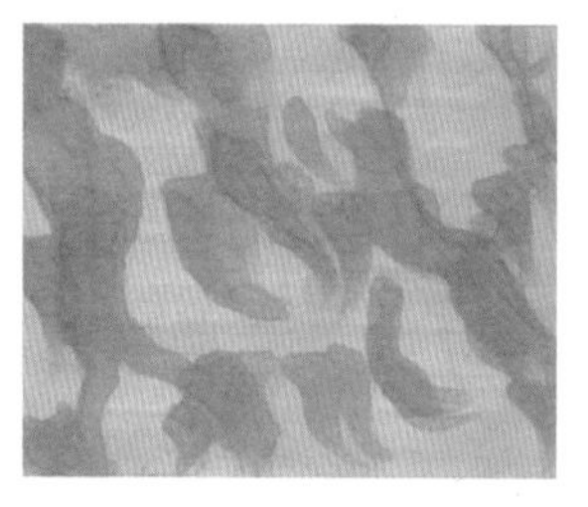

图 6-65

step 03 用 Touch92 号马克笔勾勒出皮草毛峰的走向，以丰富层次感，如图 6-66 所示。

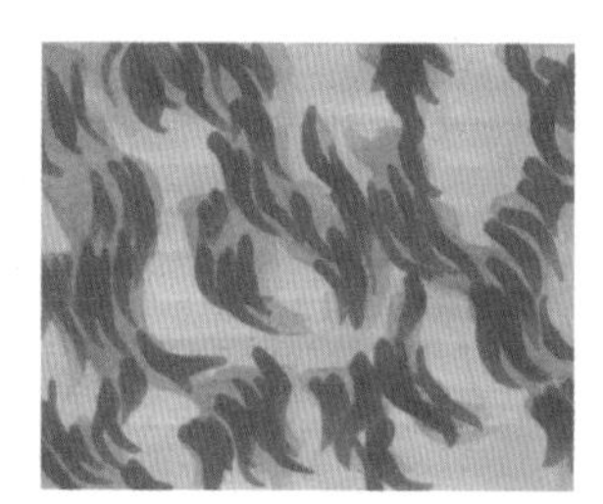

图 6-66

step 04 先用深色勾线笔加深毛皮的层次感，再用高光笔勾勒出发光部分，完成最终效果，如图 6-67 所示。

图 6-67

6.2 图案表现

服装设计过程中，在遵循一定的形式美法则的前提下，我们可以根据创造者的感受采取夸张、变化、象征、寓意等抽象的艺术语言，来构思图案。

6.2.1 认识图案

图案是实用和装饰相结合的一种美术形式。它是对生活中的自然形象进行艺术加工，使之在造型、构成、色彩等方面适合实用和审美目的的一种设计图样或装饰纹样。

广义的图案是指对各种产品的造型结构、色彩、纹饰进行工艺设计所绘制的图样，如图 6-68 所示。

图 6-68

6.2.2 图案的分类

图案按照在服饰中的表现形式分为四大类：一是植物图案，二是动物图案，三是几何图案，四是时尚图案。自然图案如图 6-69 所示。

图 6-69

动物图案如图 6-70 所示。

图 6-70

图 6-70（续）

几何图案如图 6-71 所示。

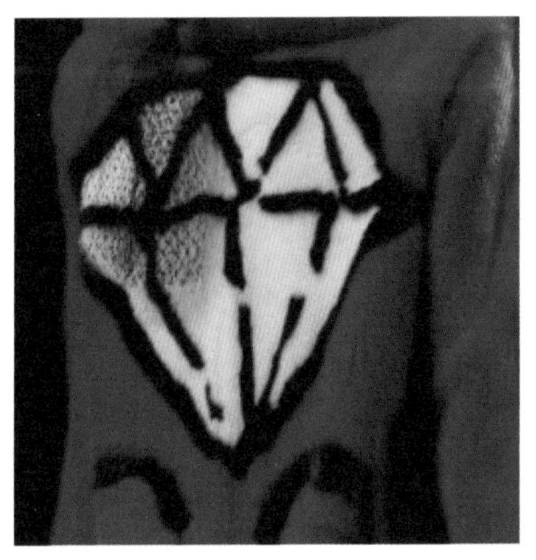

图 6-71

时尚图案如图 6-72 所示。

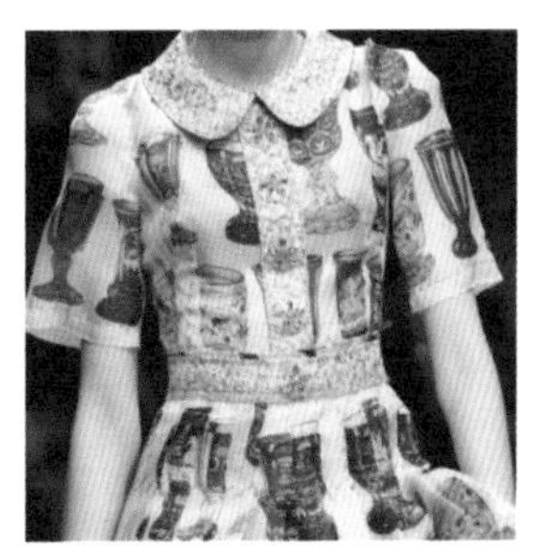

图 6-72

6.3 配饰表现

服装配饰是为烘托服装效果而存在的，对服装设计起着重要的辅助作用，具有装饰性和实用性两大特点。它的出现对设计师而言很重要，因为它能够增强服装的整体艺术效果，让服装变得更加丰富多彩。现今，配饰已经成为服装效果图中不可缺少的一部分。

6.3.1 帽子

帽子是戴在头部的服饰品，主要用于保护头部，多数可以覆盖整个头部。部分帽子会有突出的边缘，可以遮挡阳光。

帽子亦可作打扮之用，比如遮盖秃头，或者是作为制服或宗教服饰的一部分。帽子分为不同种类，例如高帽、太阳帽等。有些帽子会有一块向外延伸的部位，称为帽舌。帽子在不同的文化领域有不同的意义，这在西方文化中尤其重要，是社会身份的象征。

帽子的绘制步骤

step 01 用铅笔画出帽子的形状，如图6-73所示。

step 02 用黑色针管笔画出帽子的形状，并擦除多余的铅笔线条，如图6-74所示。

step 03 用TOUCH 11号马克笔画出帽子的固有色，如图6-75所示。

step 04 先用TOUCH 2号马克笔画出帽子的暗部颜色，再用红色针管笔画出帽子外围网状的轮廓线，如图6-76所示。

step 05 继续用红色针管笔画出帽子外檐的形状，最后点缀高光部分，如图6-77所示。

图6-73

图6-74

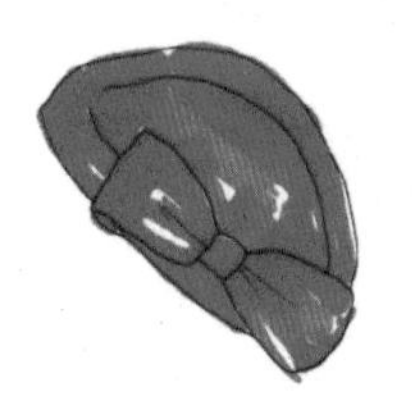

图6-75

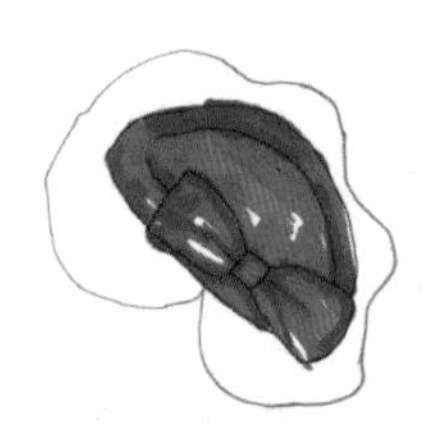

图6-76

图6-77

不同款式的帽子如图6-78所示。

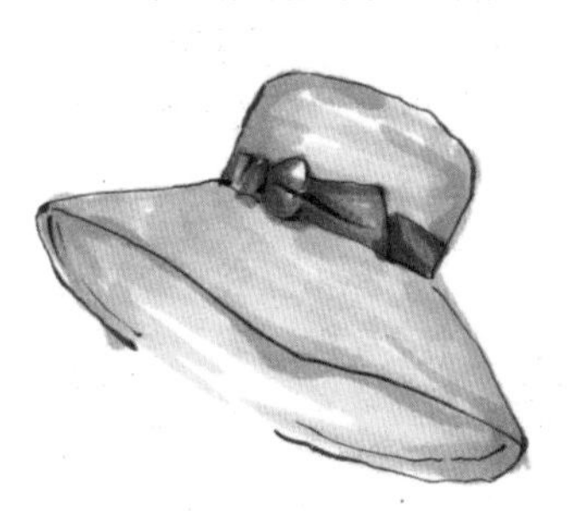

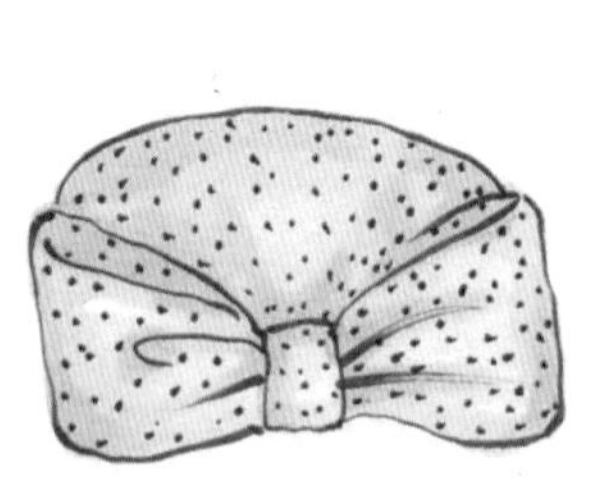

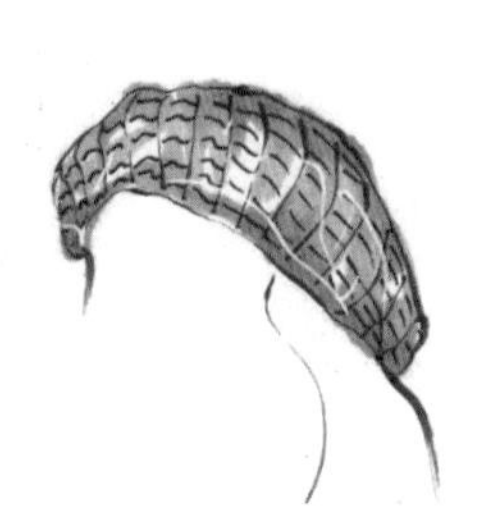

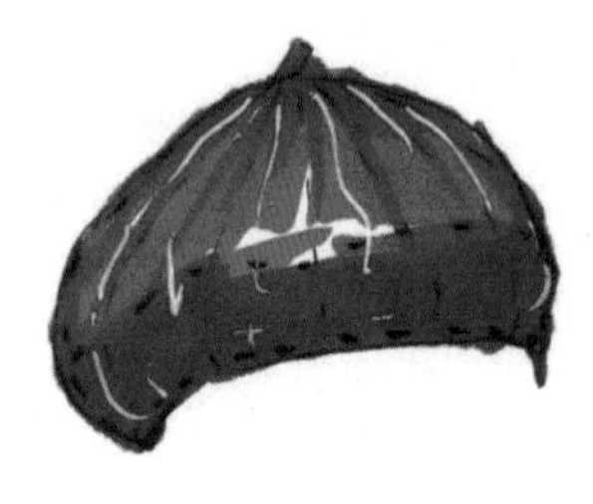

图6-78

图 6-78（续）

6.3.2 围巾

围巾有长条形、三角形、方形等，面料一般采用羊毛、棉、丝、莫代尔等，通常用于保暖，也可用于装饰，起着美观作用。

围巾的绘制步骤

step 01 用铅笔画出围巾的造型，如图 6-79 所示。

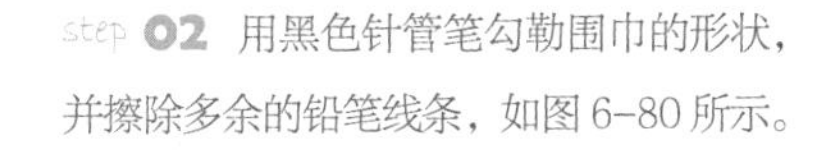

step 02 用黑色针管笔勾勒围巾的形状，并擦除多余的铅笔线条，如图 6-80 所示。

step 03 用 TOUCH 28 号马克笔平铺围巾的底色，如图 6-81 所示。

图 6-79

图 6-80

图 6-81

step 04 用 TOUCH 9 号马克笔画出围巾交叉的暗部颜色，如图 6-82 所示。

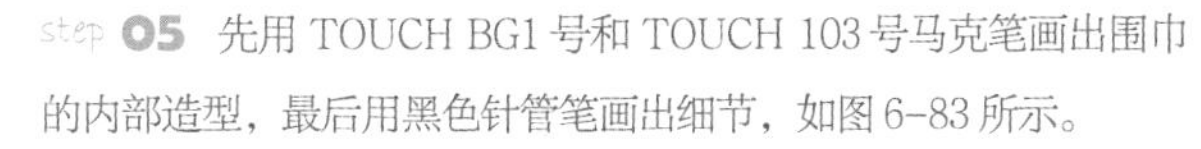

step 05 先用 TOUCH BG1 号和 TOUCH 103 号马克笔画出围巾的内部造型，最后用黑色针管笔画出细节，如图 6-83 所示。

图 6-82

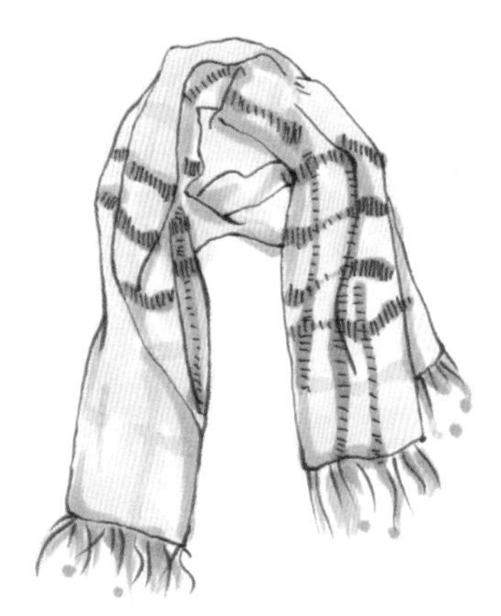

图 6-83

不同款式的围巾如图 6-84 所示。

图 6-84

6.3.3 眼镜

在时装画中，出现较多的通常是太阳镜。太眼镜又称墨镜、遮阳镜，是为了保护眼睛所设计的，镜片往往是黑色或深色，以避免阳光刺激眼部。

太阳镜按用途一般可分为遮阳镜、浅色太阳镜两类。遮阳镜，顾名思义是作遮阳之用，人在阳光下通常靠调节瞳孔大小来调节光通量，所以在户外活动场所，许多人都用遮阳镜来遮挡阳光，以减轻调节瞳孔对眼睛造成的疲劳和伤害。浅色太阳镜对太阳光的遮挡不如遮阳镜，但其色彩丰富，适用于各类服饰搭配，有很强的装饰作用。

眼镜的绘制步骤

step 01 用铅笔画好眼镜的造型，注意透视关系，如图 6-85 所示。

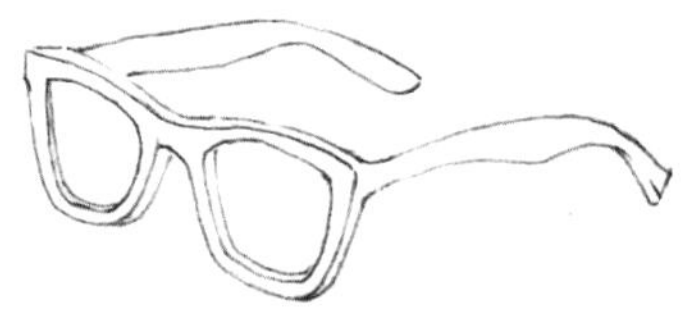

图 6-85

step 02 用针管笔勾勒眼镜的形状，并擦除多余的铅笔线条，如图 6-86 所示。

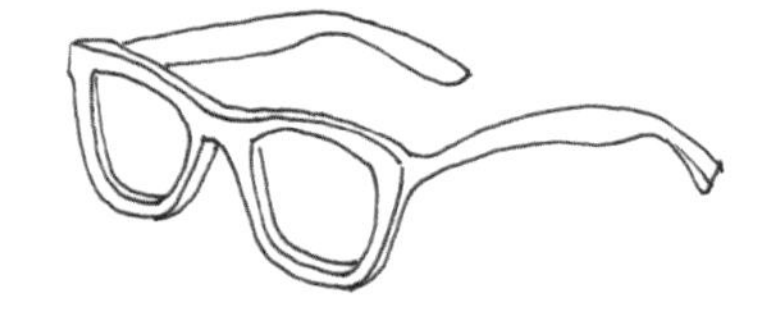

图 6-86

step 03 用 TOUCH BG1 号 和 TOUCH 101 号马克笔画出眼镜的固有色，如图 6-87 所示。

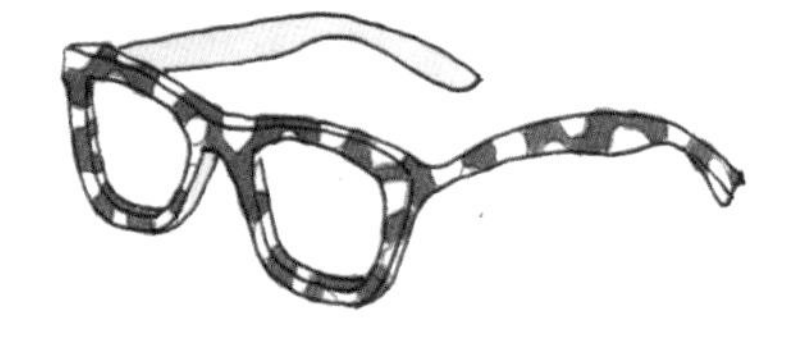

图 6-87

step 04 用 YOUCH WG3 号马克笔画出镜片的底色，如图 6-88 所示。

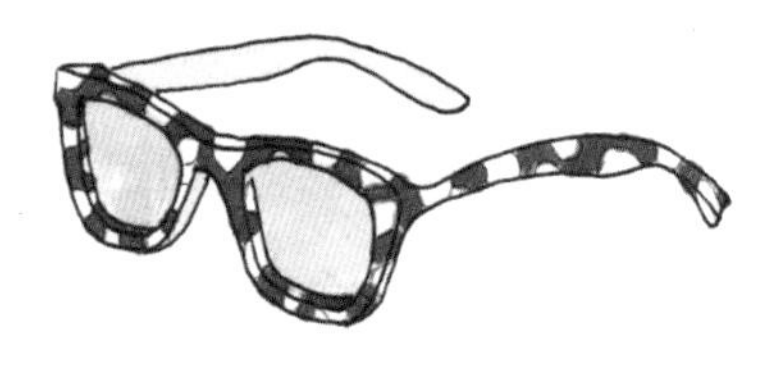

图 6-88

step 05 用 TOUCH 95 号和 TOUCH WG 5 号马克笔画出眼镜的暗部颜色，如图 6-89 所示。

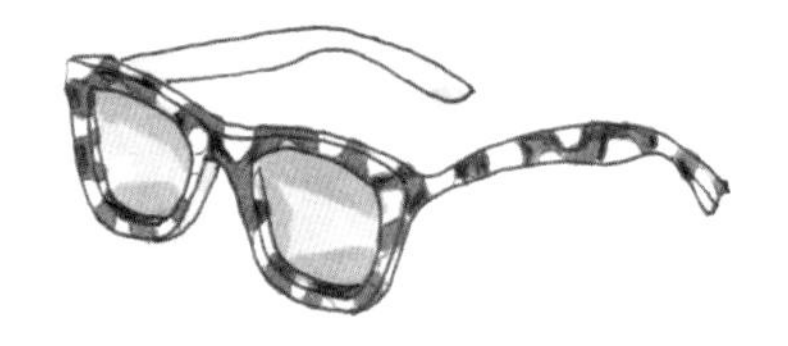

图 6-89

不同款式的眼镜如图 6-90 所示。

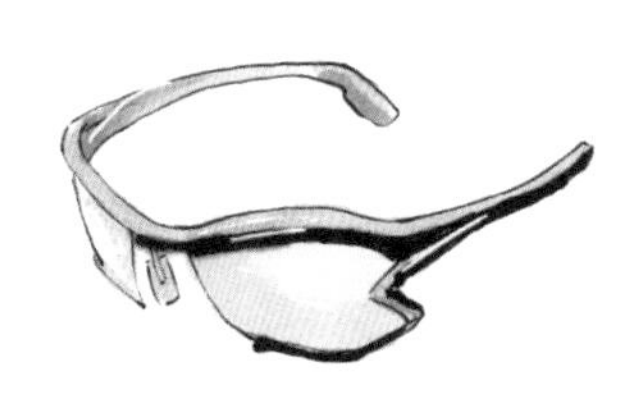

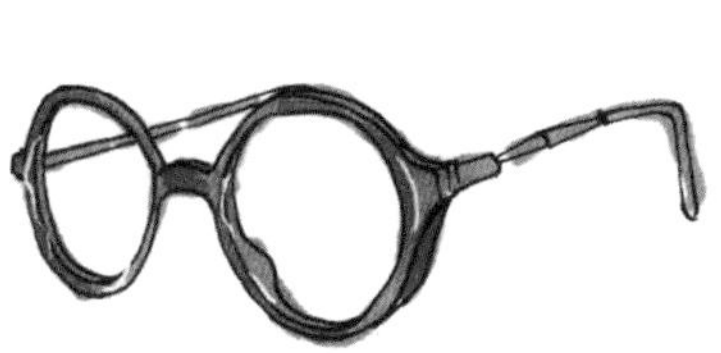
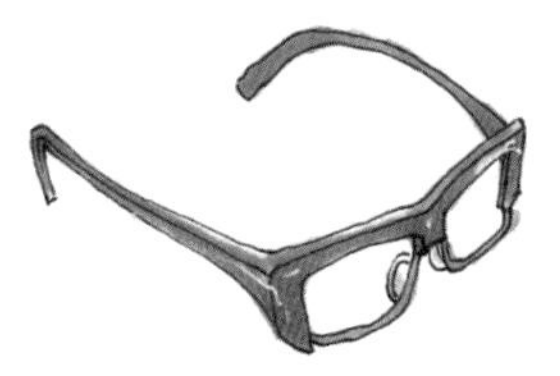

图 6-90

6.3.4 包包

从经典到现代，包饰的兴起与服装的演变有着密切的联系。随着不同潮流文化和时代状况的变化，在不同场合女性的包饰已演变成变化无穷的形式。现在的包包款式数不胜数，例如单肩包、手提包、手拿包等。

包包的绘制步骤

step 01 用铅笔画好包包的造型，注意空间变化的关系，如图 6-91 所示。

图 6-91

step 02 用黑色针管笔勾勒包包的形状，并擦除多余的铅笔线条，如图 6-92 所示。

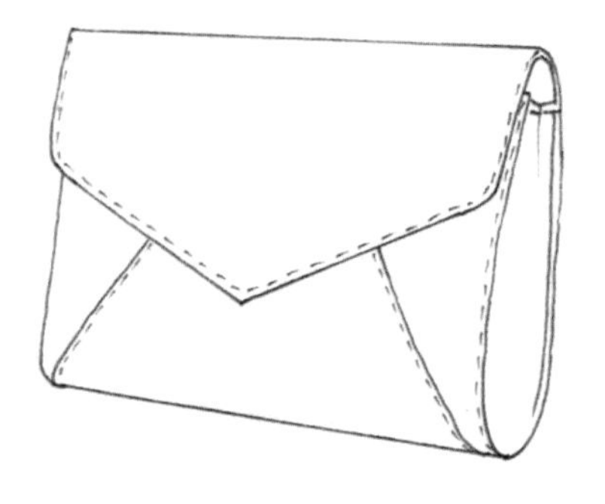

图 6-92

step 03 用 TOUCH 56 号马克笔平铺包包的底色，如图 6-93 所示。

图 6-93

step 04 用 TOUCH 55 号马克笔加深包包的暗部颜色，如图 6-94 所示。

图 6-94

step 05 用 TOUCH 42 号马克笔再一次加深包包的暗部颜色，最后画出高光部分，如图 6-95 所示。

图 6-95

不同款式的包包如图 6-96 所示。

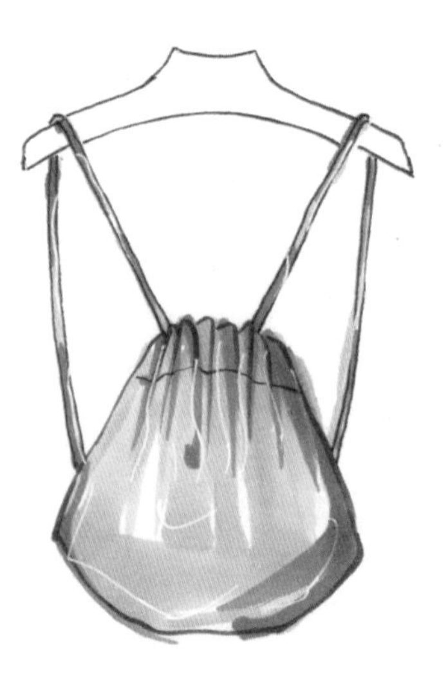

图 6-96

图 6-96（续）

6.3.5 鞋子

鞋子是着装表现的必备品，具有很强的实用性和美观性。鞋子的种类日益繁多，主要体现在面料、花纹、款式的变化。

鞋子的绘制步骤

step 01 用铅笔画出鞋子的造型，注意空间变化的关系，如图 6-97 所示。

step 02 用黑色针管笔勾勒出鞋子的形状，并擦除多余的铅笔线条，如图 6-98 所示。

step 03 用 TOUCH 28 号马克笔画出鞋子的底色，如图 6-99 所示。

图 6-97

图 6-98

图 6-99

step 04 先用 TOUCH 9 号马克笔画出鞋子的暗部颜色，注意笔触，再用 TOUCH 120 号马克笔画出绑带的颜色，如图 6-100 所示。

图 6-100

step 05 最后用 TOUCH 120 号和 TOUCH 87 号马克笔画出鞋子的图案，如图 6-101 所示。

图 6-101

不同款式的鞋子如图 6-102 所示。

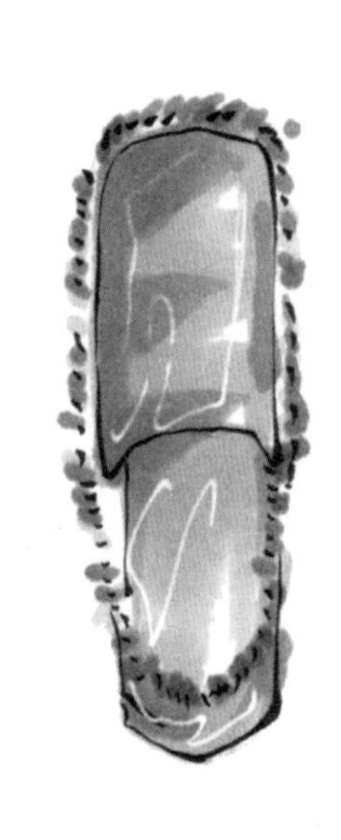

图 6-102

图 6-102（续）

6.3.6 首饰

首饰原指戴于头上的饰品，现泛指以贵重金属、宝石等加工而成的耳环、戒指、项链、手镯等。首饰一般用以装饰形体，也具有表现社会地位、显示财富的意义。

首饰的绘制步骤

step 01 用铅笔画出耳环的造型，注意细节的处理，如图 6-103 所示。

step 02 用黑色针管笔勾勒出耳环的形状，并擦除多余的铅笔线条，如图 6-104 所示。

step 03 用 TOUCH 35 号和 TOUCH 68 号马克笔画出耳环的固有色，如图 6-105 所示。

step 04 用 TOUCH 57 号马克笔加深宝石的暗部颜色，最后点缀高光，如图 6-106 所示。

图 6-103

图 6-104

图 6-105

图 6-106

不同款式的首饰如图 6-107 所示。

图 6-107

图 6–107（续）

Chapter 07

时装画综合实战

时装画是以时装为主体的，展示着装后的效果、气氛，表现形式多样化。在时装画中，可采取多种表现形式，如服装廓形的分类表现和着装场合的分类表现来进行综合的练习。服装廓形和着装场合的表现练习，有利于培养审美能力、提高鉴赏能力，从而形成设计师的个人风格与个性。

7.1 服装廓形表现

廓形是服装的外部造型剪影，指的是着装后整体外轮廓所呈现的形态，可体现服装的结构、风格及款式。

7.1.1 A 型

A 型指从上至下像梯形逐渐展开的外型。上衣和大衣以不收腰、宽下摆，或收腰、宽下摆为基本特征。上衣一般肩部较窄，衣摆宽松肥大；裙子和裤子均以紧腰阔摆为特征。

A 型服装的绘制步骤

step 01 用铅笔起稿，绘制出基本的人体动态、比例关系以及服装廓型，然后简单地绘制出头部配饰以及花篮的形状，如图 7-1 所示。

step 02 细致刻画人体着装的表现，绘制出服装内部的褶皱、头巾、眼镜和花篮的细节线条，如图 7-2 所示。

step 03 用黑色马克笔覆盖铅笔的线条，注意裙子虚实线条的表现，如图 7-3 所示。

图 7-1　图 7-2　图 7-3

step **04** 用黑色勾线笔画出服装内部花朵图案的形状以及鞋子上面的花朵图案，再画出花篮的编织纹理，如图 7-4 所示。

step **05** 选择 TOUCH 27 号马克笔平铺皮肤的底色，再用 TOUCH 25 号马克笔画出皮肤的暗部，注意眼镜框在脸上阴影的表现，如图 7-5 所示。

step **06** 绘制出头发的颜色，用 TOUCH 101 号马克笔平铺头发的底色，亮部直接留白，再用 TOUCH 102 号马克笔加深头发的暗部，增强头发的层次感。然后用 TOUCH 11 号马克笔绘制出嘴唇的颜色，最后用高光笔点缀嘴唇的亮部，如图 7-6 所示。

图 7-4　　图 7-5　　图 7-6

step 07 用 TOUCH CG3 号马克笔绘制眼镜的底色，再用 TOUCH CG5 号马克笔加深眼镜的暗部颜色，使眼镜整体看起来有通透感。头巾的颜色较丰富，可采用分块上色处理，先用 TOUCH 70 号马克笔画出蓝色的体块位置，再用 TOUCH 35 号马克笔画出黄色的体块位置，最后用黑色勾线笔勾勒出头巾的细节，并用高光笔点缀亮部，如图 7-7 所示。

step 08 用 TOUCH 35 号马克笔画出服装内部花朵的颜色，沿着花瓣的走向上色，如图 7-8 所示

step 09 用 TOUCH31 号马克笔加花朵图案的暗部颜色，再绘制出花朵图案中的绿色叶子，最后画出叶子的暗部颜色，注意下笔保持线条流畅，如图 7-9 所示。

图 7-7　图 7-8　图 7-9

step 10 绘制出衣服扣子的黑色，再用 TOUCH 95 号马克笔画出花篮的外框和手柄底色。绘制出花篮内部的绿色，整体添加暗部颜色，保持用笔的线条流畅。用 TOUCH 35 号马克笔画出鞋子的颜色，再添加鞋子图案的颜色，以丰富画面，如图 7-10 所示。

step 11 最后用高光笔画出衣服图案、花篮、鞋子的高光部分，以增强画面的层次感，如图 7-11 所示。

图 7-10　　图 7-11

多款 A 型服装表现如图 7-12 所示 。

图 7-12

7.1.2 T型

T 型上衣、大衣、连衣裙等以夸张的肩部、收缩下摆为主要特征。

T 型服装的绘制步骤

step 01 用铅笔起稿，绘制出基本的人体动态、比例关系以及服装廓型，然后简单地绘制出挎包的轮廓，如图 7-13 所示。

step 02 用黑色马克笔细致刻画人体着装的整体表现，注意包带与手的表现关系，再勾勒出五官的轮廓线，如图 7-14 所示。

step 03 用 TOUCH 27 号马克笔平铺皮肤的底色，再用 TOUCH 25 号马克笔加深五官、脖子和手的暗部颜色，注意眼尾的暗部画深一些，如图 7-15 所示。

图 7-13　图 7-14　图 7-15

step 04 深入刻画五官，用 TOUCH 76 号马克笔画出眼睛的颜色，用高光笔点缀眼珠的亮部，再用 TOUCH 11 号马克笔画出嘴唇的颜色，如图 7-16 所示。

step 05 头发的颜色主要用 TOUCH 101 号和 TOUCH 102 号马克笔来进行底色和暗部颜色的绘制，注意着色时笔触的变化，亮部位置要直接留白。用 TOUCH CG5 号马克笔平铺帽子的底色，再用 TOUCH 120 号马克笔画出帽子的暗部颜色，最后用高光笔点缀亮部，以增强帽子的体积感，如图 7-17 所示。

step 06 格子内搭衬衣的表现，先用 TOUCH WG3号马克笔平铺衬衫的底色，再用 TOUCH WG5 号马克笔画出衣领的暗部颜色，最后用黑色和褐色勾线笔画出格子的线条形状，如图 7-18 所示。

图 7-16　图 7-17　图 7-18

step 07 毛衣的质感表现和格子的质感表现一样，先平铺底色，再加深手肘处的褶皱暗部，最后用黑色勾线笔画出毛衣的图案形状，如图 7-19 所示。

step 08 皮质包的质感表现主要在于明暗颜色的对比强烈，用 TOUCH 103 号马克笔平铺底色，亮部直接留白，再用 TOUCH 101 号马克笔加深暗部颜色，用宽笔头流畅地画出暗部颜色，最后用高光笔点缀亮部，完成包包的绘制，如图 7-20 所示。

step 09 白色裤子只需要用 TOUCH BG1 号马克笔画出裤子褶皱处的暗部颜色。皮靴的质感表现与皮质包包的绘制方法一样，注意强调明暗的对比色，如图 7-21 所示。

图 7-19　　图 7-20　　图 7-21

多款 T 型服装表现如图 7-22 所示。

图 7-22

7.1.3 O 型

O 型在视觉上呈现出一个球的特点，整体外形比较饱满。

O 型服装的绘制步骤

step 01 用铅笔起稿，绘制出基本的人体动态、比例关系以及服装廓型，如图 7-23 所示。

step 02 细致刻画人体着装的表现，绘制出服装内部的褶皱线条，并擦除杂线条，如图 7-24 所示。

step 03 用黑色马克笔覆盖铅笔的线条，注意裙子虚实线条的表现，如图 7-25 所示。

图 7-23　图 7-24　图 7-25

step 04 选择 TOUCH 27 号马克笔平铺皮肤的底色，再用 TOUCH 25 号马克笔画出皮肤的暗部，如图 7-26 所示。

step 05 深入刻画五官，用 TOUCH 76 号马克笔画出眼睛的颜色，用高光笔点缀眼珠的亮部，再用 TOUCH 11 号马克笔画出嘴唇的颜色，最后用 TOUCH 101 号马克笔画出眼尾的眼影，如图 7-27 所示。

step 06 头发的颜色主要用 TOUCH 101 号和 TOUCH 102 号马克笔来进行底色和暗部颜色的绘制，注意着色时笔触的变化，亮部位置要直接留白，如图 7-28 所示。

图 7-26

图 7-27

图 7-28

step 07 用TOUCH 9号马克笔平铺服装的固有色，再用TOUCH 120号和TOUCH 11号马克笔画出鞋子的底色，如图7-29所示。

step 08 用TOUCH 89号马克笔加深衣服暗部的颜色，再用高光笔画出衣服和鞋子的高光部分，如图7-30所示。

图7-29　　图7-30

多款 O 型服装表现如图 7-31 所示。

图 7-31

7.1.4 Y 型

Y 型具有肩部夸张、下摆内收、上宽下窄、大方、洒脱、较男性化的特点。

Y 型服装的绘制步骤

step 01 用铅笔起稿，绘制出基本的人体动态、比例关系以及服装廓型，如图 7-32 所示。

step 02 用黑色马克笔覆盖铅笔的线条，注意裙子内部褶皱线条的表现，如图 7-33 所示。

step 03 选择 TOUCH 27 号马克笔平铺皮肤的底色，再用 TOUCH 25 号马克笔画出皮肤的暗部，如图 7-34 所示。

图 7-32　图 7-33　图 7-34

step 04 深入刻画五官，用 TOUCH 76 号马克笔画出眼睛的颜色，用高光笔点缀眼珠的亮部，再用 TOUCH 11 号和 TOUCH 9 号马克笔画出嘴唇的颜色，如图 7-35 所示。

step 05 头发的颜色主要用 TOUCH 101 号和 TOUCH 102 号马克笔来进行底色和暗部颜色的绘制，注意着色时笔触的变化，亮部位置要直接留白，如图 7-36 所示。

step 06 用 TOUCH CG3 号马克笔画出上衣的底色，再用 TOUCH CG7 号马克笔画出裙子的固有色，如图 7-37 所示。

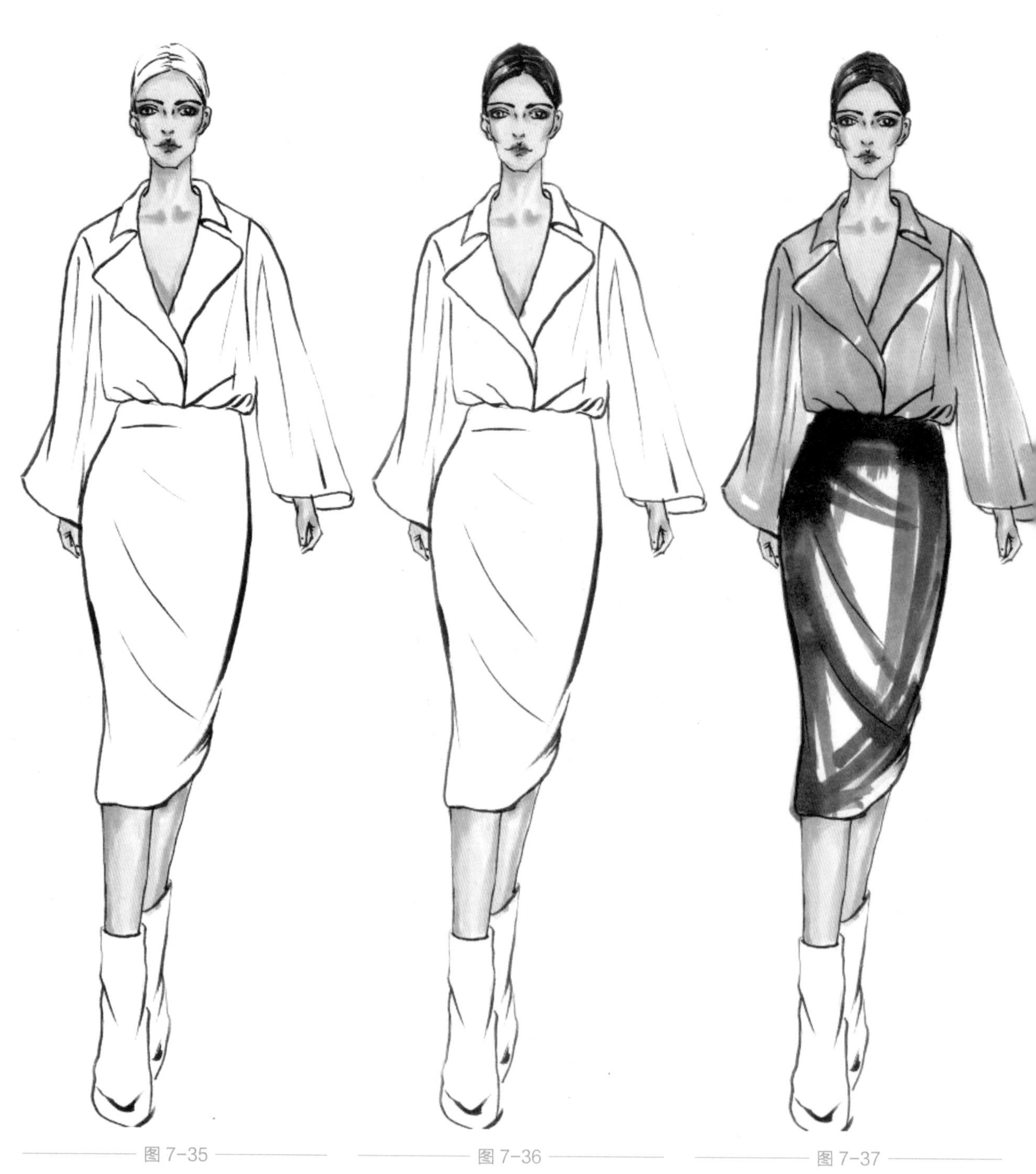

图 7-35　　图 7-36　　图 7-37

step 07 用 TOUCH CG5 号马克笔加深上衣的暗部颜色，用 TOUCH 120 号马克笔加深裙子的颜色，再用黑色针管笔画出裙子的针织纹理，最后用高光笔画出高光部分，如图 7-38 所示。

step 08 先用 TOUCH 2 号马克笔画出鞋子的底色，再用 TOUCH 1 号马克笔加深鞋子的暗部颜色，最后点缀高光颜色，如图 7-39 所示。

图 7-38　　图 7-39

多款 Y 型服装表现如图 7-40 所示。

图 7-40

7.1.5 X 型

X 型具有稍宽的肩部、收紧的腰部、自然的臀部等特点。X 型比较柔和、优美，女人味浓，适合运用在经典风格、淑女风格的服装设计中。

X 型服装的绘制步骤

step 01 用铅笔起稿，绘制出基本的人体动态、比例关系以及服装廓型，如图 7-41 所示。

step 02 细致刻画人体着装的表现，绘制出服装内部的褶皱线条，并擦除杂线条，如图 7-42 所示。

step 03 用黑色马克笔覆盖铅笔的线条，注意裙子内部褶皱线条的表现，如图 7-43 所示。

图 7-41　　图 7-42　　图 7-43

step 04 选择 TOUCH 27 号马克笔平铺皮肤的底色，再用 TOUCH 25 号马克笔画出皮肤的暗部，如图 7-44 所示。

step 05 深入刻画五官，用 TOUCH 76 号马克笔画出眼睛的颜色，用高光笔点缀眼珠的亮部，再用 TOUCH 11 号和 TOUCH 9 号马克笔画出嘴唇的颜色，如图 7-45 所示。

step 06 头发的颜色主要用 TOUCH 101 号和 TOUCH 102 号马克笔来进行底色和暗部颜色的绘制，注意着色时笔触的变化，亮部位置要直接留白，如图 7-46 所示。

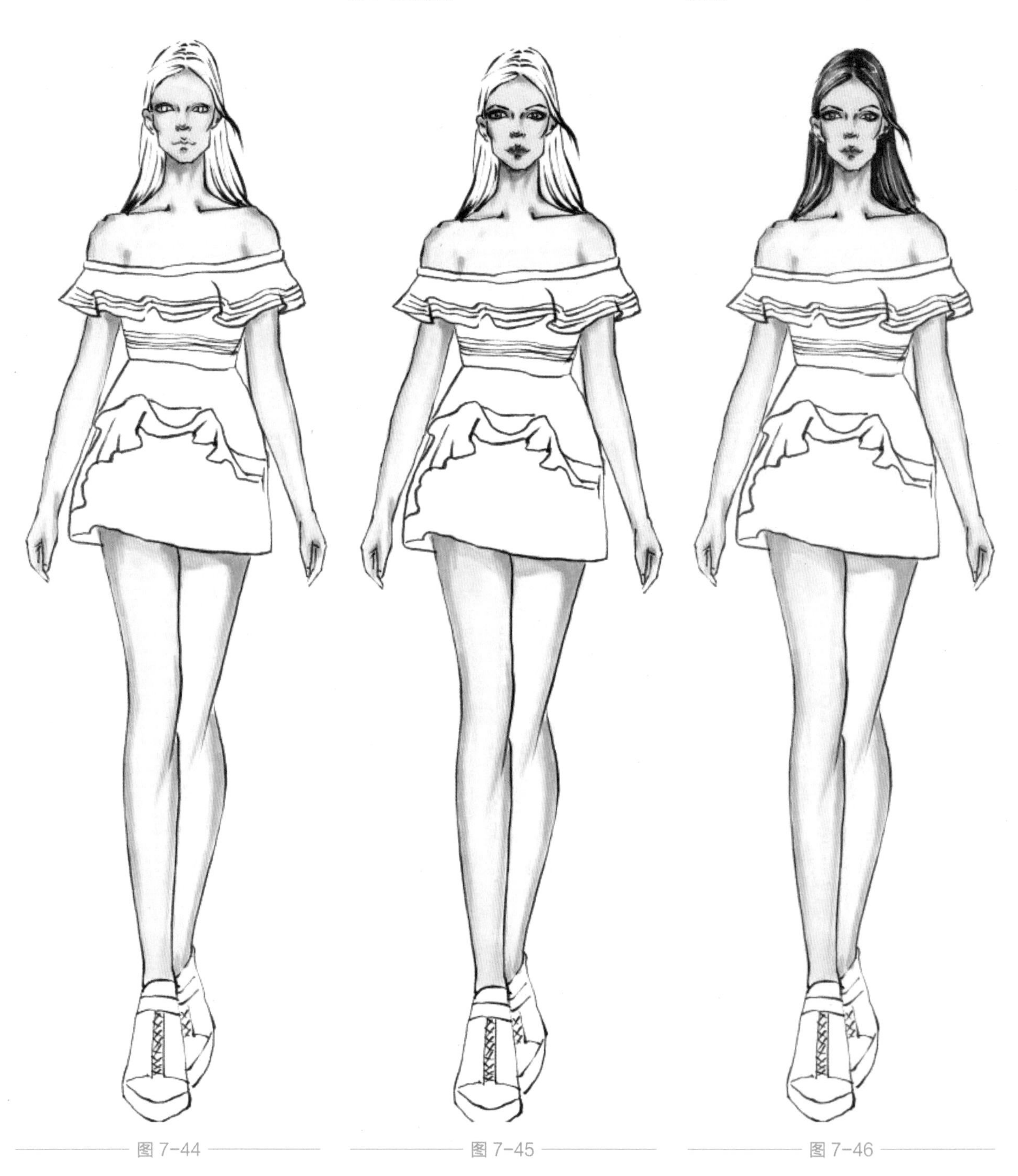

图 7-44　图 7-45　图 7-46

step 07 用 TOUCH BG1 号马克笔画出白色上衣的暗部颜色，再用 TOUCH 11 号和 TOUCH 56 号、TOUCH 35 号马克笔画出上衣内部的条纹颜色，如图 7-47 所示。

step 08 用 TOUCH 42 号马克笔画出裙子的底色，再用 TOUCH CG5 号马克笔画出裙子的暗部颜色，最后用高光笔画出高光部分，如图 7-48 所示。

step 09 用 TOUCH 9 号马克笔画出鞋子的底色，再用大红色和黑色针管笔画出鞋子的细节，如图 7-49 所示。

图 7-47　图 7-48　图 7-49

多款 X 型服装表现如图 7-50 所示。

图 7-50

7.1.6 H 型

H 型具有平肩、不收紧腰部、茧型下摆，修长、简约、宽松、舒适的特点。

H 型服装的绘制步骤

step 01 用铅笔起稿，绘制出基本的人体动态、比例关系以及服装廓型，如图 7-51 所示。

step 02 细致刻画人体着装的表现，绘制出服装内部的褶皱线条，并擦除杂线条，如图 7-52 所示。

step 03 用黑色马克笔覆盖铅笔的线条，注意裙子内部褶皱线条的表现，如图 7-53 所示。

图 7-51　图 7-52　图 7-53

step 04 选择 TOUCH 27 号马克笔平铺皮肤的底色，再用 TOUCH 25 号马克笔画出皮肤的暗部，如图 7-54 所示。

step 05 深入刻画五官，用 TOUCH 76 号马克笔画出眼睛的颜色，用高光笔点缀眼珠部分，再用 TOUCH 11 号和 TOUCH 9 号马克笔画出嘴唇的颜色，如图 7-55 所示。

step 06 头发的颜色主要用 TOUCH 101 号和 TOUCH 102 号马克笔来进行底色和暗部颜色的绘制，注意着色时笔触的变化，亮部位置要直接留白，如图 7-56 所示。

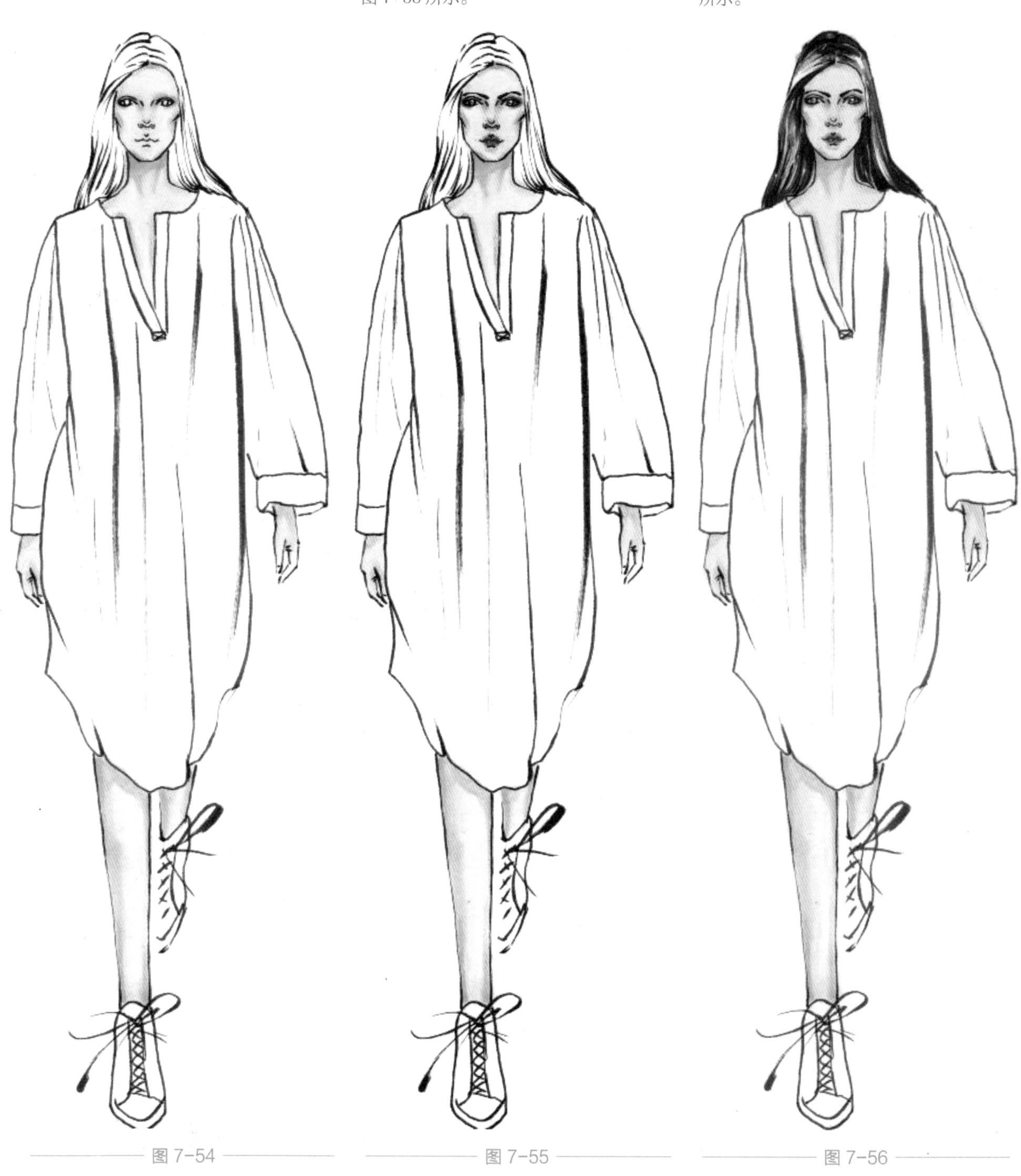

图 7-54　图 7-55　图 7-56

step 07 用 TOUCH 103 号马克笔平铺裙子的底色，注意笔触，再用 TOUCH BG1 号马克笔画出鞋子的底色，如图 7-57 所示。

step 08 用 TOUCH 101 号马克笔加深裙子的暗部颜色，再用 TOUCH BG3 号马克笔加深鞋子的暗部颜色，最后画出高光部分，如图 7-58 所示。

图 7-57

图 7-58

多款 H 型服装表现如图 7-59 所示。

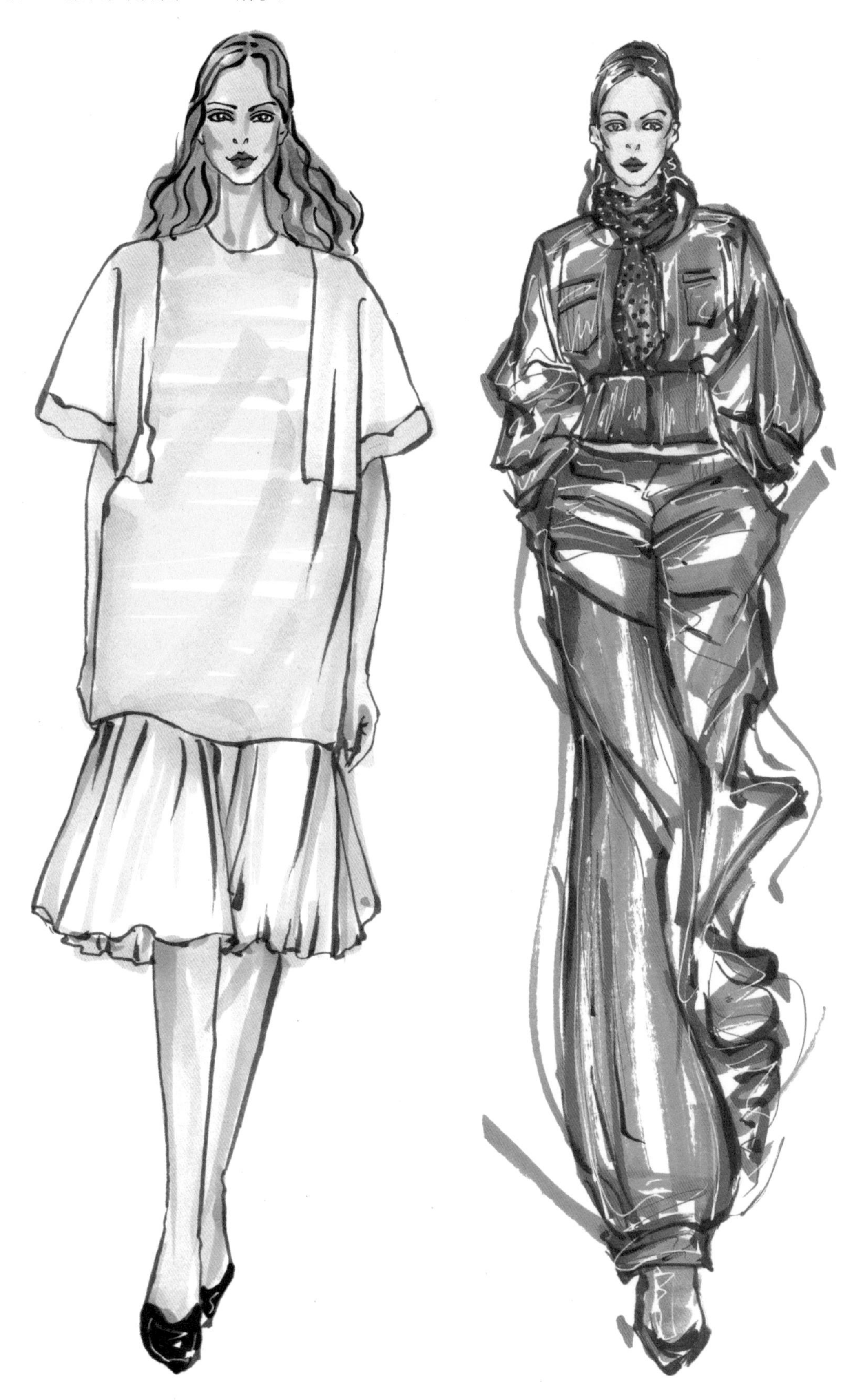

图 7-59

7.2 着装场合表现

着装是指一个人的穿衣打扮，学会不同的场合穿不同的服饰非常重要。因为它可以决定我们事业的成败、心情的好坏，也反映了每个人的不同品味。

7.2.1 通勤装

通勤装是指 OL 在办公室和社交场合穿着比较合适的服装。

通勤装的绘制步骤

step 01 用铅笔起稿，绘制出基本的人体动态、比例关系以及服装廓型，如图 7-60 所示。

step 02 细致刻画人体着装的表现，绘制出服装内部的图案线条，并擦除杂线条，如图 7-61 所示。

step 03 用黑色马克笔覆盖铅笔的线条，注意裙子内部图案的表现，如图 7-62 所示。

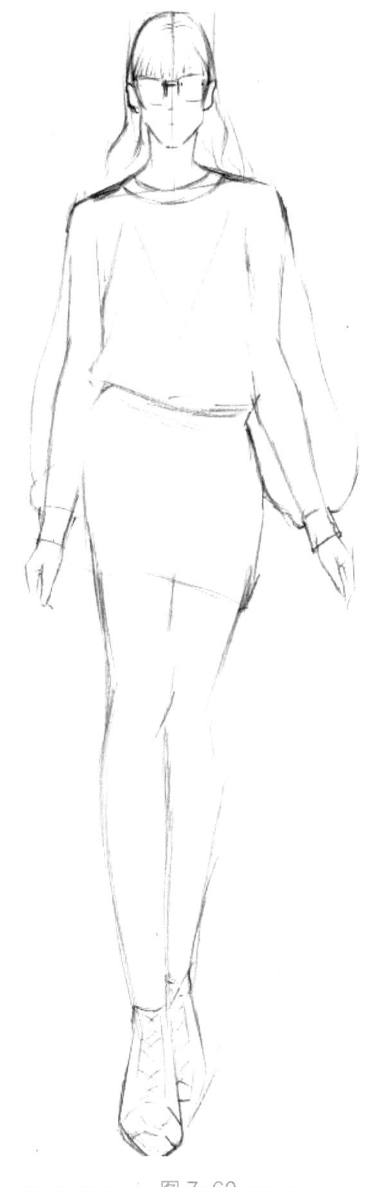

图 7-60

图 7-61

图 7-62

step 04 选择 TOUCH 27 号马克笔平铺皮肤的底色，再用 TOUCH 25 号马克笔画出皮肤的暗部，如图 7-63 所示。

step 05 用 TOUCH 35 号和 TOUCH 31 号马克笔画出眼镜的颜色，再用 TOUCH 11 号马克笔画出嘴唇的颜色，最后用高光笔画出眼镜和嘴唇的高光，如图 7-64 所示。

step 06 头发的颜色主要用 TOUCH 101 号和 TOUCH 102 号马克笔来进行底色和暗部颜色的绘制，注意着色时笔触的变化，亮部位置要直接留白，如图 7-65 所示。

图 7-63　图 7-64　图 7-65

step 07 用 TOUCH 70 号马克笔画出上衣的底色和星星的图案颜色，再用蓝色彩铅画出薄纱，最后画出高光部分，如图 7-66 所示。

step 08 用 TOUCH CG7 号马克笔画出裙子的底色，再用 TOUCH 120 号马克笔画出裙子的暗部颜色，体现裙子的皮质感，最后用高光笔画出裙子上面的圆点，如图 7-67 所示。

step 09 用 TOUCH BG3 号马克笔画出鞋子的颜色，再画出包包的图案，如图 7-68 所示。

图 7-66　图 7-67　图 7-68

多款通勤装表现如图 7-69 所示。

图 7-69

7.2.2 学院装

学院装是以美国常春藤名校校园着装为代表的，主要以舒适的表现形式出现。

学院装的绘制步骤

step 01 用铅笔起稿，绘制出基本的人体动态、比例关系以及服装廓型，如图7-70所示。

step 02 细致刻画人体着装的表现，并擦除杂线条，如图7-71所示。

step 03 用黑色马克笔覆盖铅笔的线条，注意衣服内部褶皱线条的表现，如图7-72所示。

图 7-70

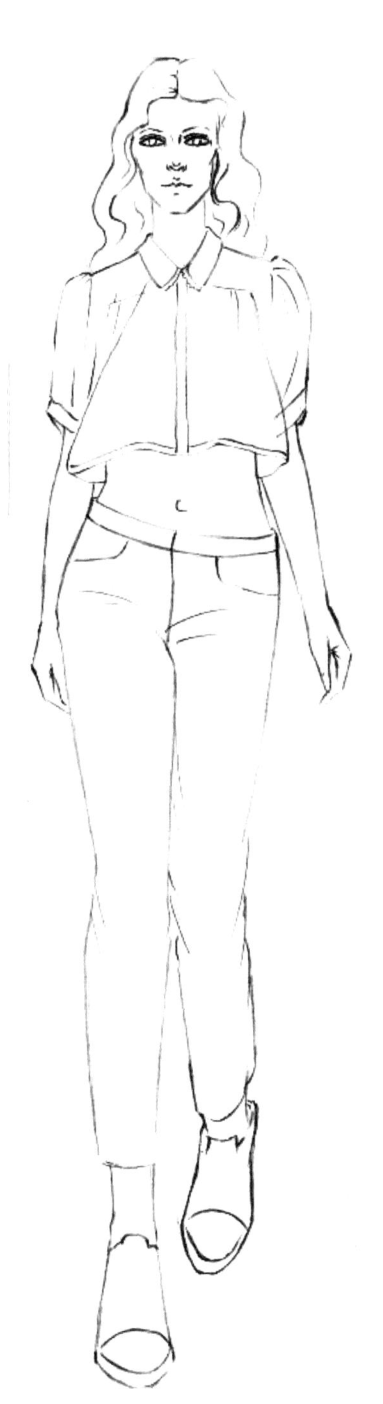

图 7-71

图 7-72

step 04 选择 TOUCH 27 号马克笔平铺皮肤的底色，再用 TOUCH 25 号马克笔画出皮肤的暗部，如图 7-73 所示。

step 05 深入刻画五官，用 TOUCH 76 号马克笔画出眼睛的颜色，用高光笔点缀眼珠的亮部，再用 TOUCH 11 号和 TOUCH 9 号马克笔画出嘴唇的颜色，如图 7-74 所示。

step 06 头发的颜色主要用 TOUCH 101 号和 TOUCH 102 号马克笔来进行底色和暗部颜色的绘制，注意着色时笔触的变化，亮部位置要直接留白，最后用黑色针管笔画出发丝，如图 7-75 所示。

图 7-73　　图 7-74　　图 7-75

step **07** 用 TOUCH 9 号马克笔平铺上衣的底色，再用 TOUCH 76 号马克笔画出牛仔裤的底色，再用 TOUCH BG1 号马克笔画出鞋子的底色，如图 7-76 所示。

图 7-76

step **08** 用 TOUCH 87 号马克笔画出上衣的暗部颜色，再用 TOUCH 70 号马克笔画出牛仔裤的暗部颜色，用黑色针管笔画出牛仔裤的内部细节，最后点缀高光颜色，如图 7-77 所示。

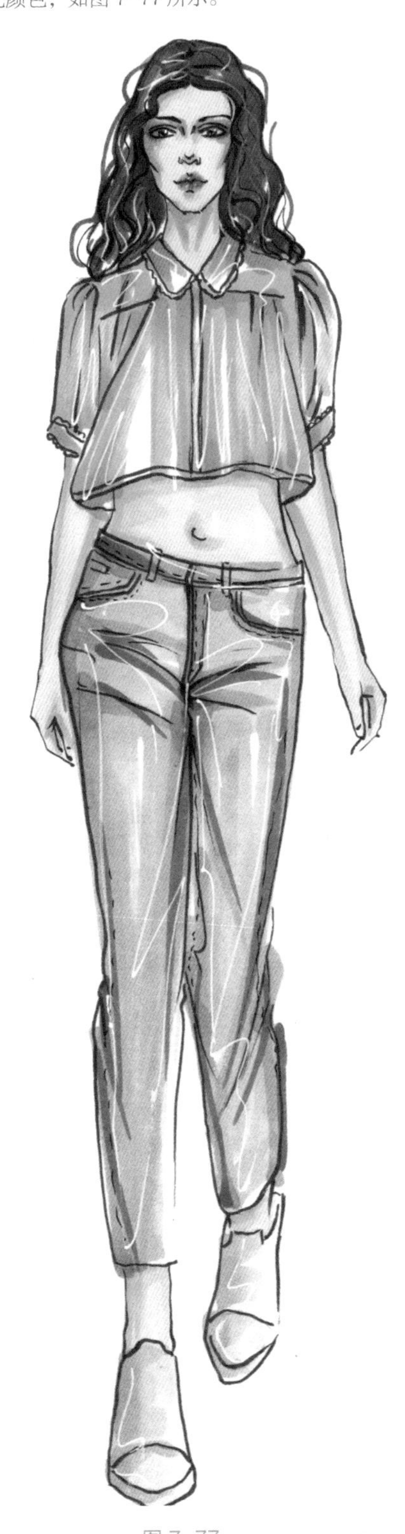

图 7-77

多款学院装表现如图 7-78 所示。

图 7-78

7.2.3 街头装

街头装的风格着装多变，以潮流的服饰为主。

街头装的绘制步骤

step 01 用铅笔起稿，绘制出基本的人体动态、比例关系以及服装廓型，如图7-79所示。

step 02 细致刻画人体着装的表现，绘制出服装内部的细节线条，并擦除杂线条，如图7-80所示。

step 03 用黑色马克笔覆盖铅笔的线条，注意衣服内部褶皱线条的表现，如图7-81所示。

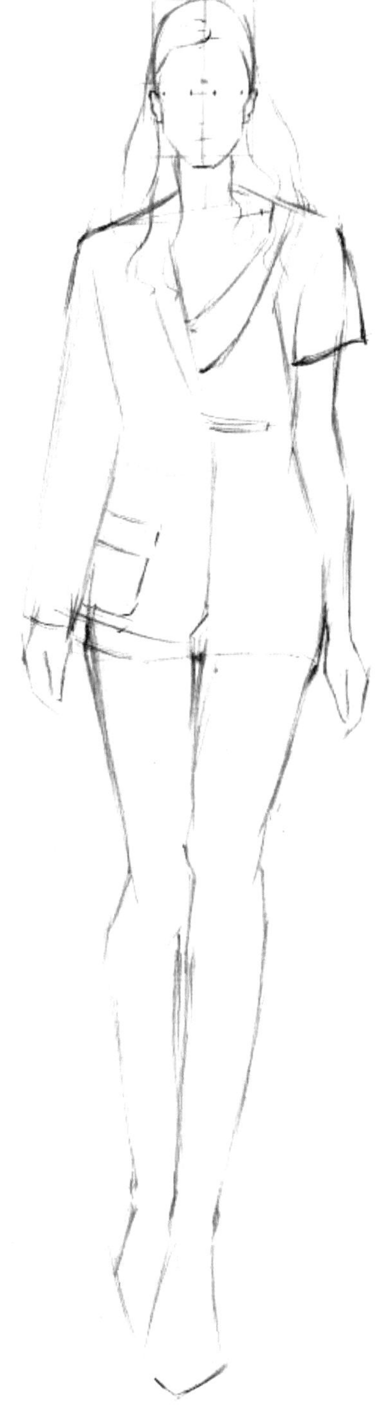

图 7-79

图 7-80

图 7-81

step 04 选择 TOUCH 27 号马克笔平铺皮肤的底色，再用 TOUCH 25 号马克笔画出皮肤的暗部，如图 7-82 所示。

step 05 深入刻画五官，用 TOUCH 76 号马克笔画出眼睛的颜色，用高光笔点缀眼珠的亮部，再用 TOUCH 11 号和 TOUCH 9 号马克笔画出嘴唇的颜色，如图 7-83 所示。

step 06 头发的颜色主要用 TOUCH 101 号和 TOUCH 102 号马克笔来进行底色和暗部颜色的绘制，注意着色时笔触的变化，亮部位置要直接留白，最后用黑色针管笔画出发丝，如图 7-84 所示。

图 7-82

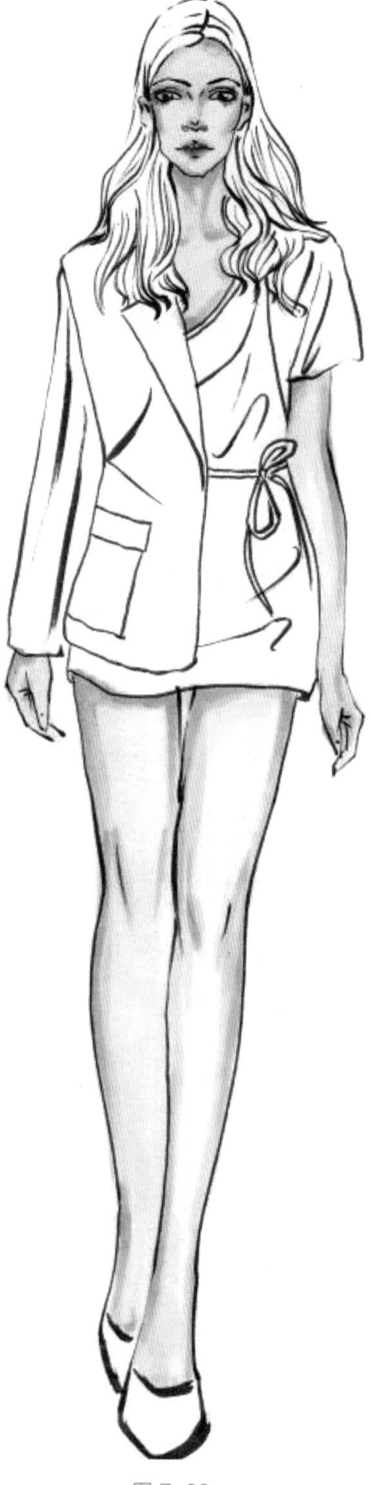

图 7-83

图 7-84

step 07 用 TOUCH 76 号马克笔画出一半西装的固有色，如图 7-85 所示。

step 08 用 TOUCH 5 号马克笔画出吊带的底色，再用 TOUCH BG1 号马克笔画出白 T 的底色，如图 7-86 所示。

step 09 用 TOUCH 70 号马克笔加深西装的暗部颜色，再用黑色针管笔画出西装上的线条，然后用 TOUCH 2 号马克笔加深吊带的暗部颜色，最后画出高光部分，如图 7-87 所示。

图 7-85

图 7-86

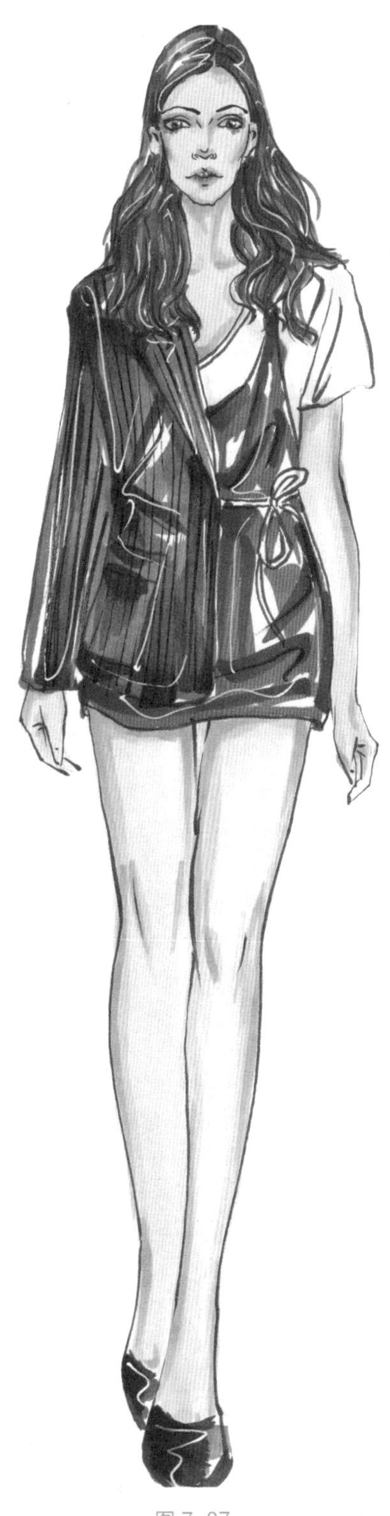

图 7-87

多款街头装表现如图 7–88 所示。

图 7–88

7.2.4 度假装

度假装的风格服饰多以裙装为主，主要特色是时尚舒适。

度假装服装的绘制步骤

step 01 用铅笔起稿，绘制出基本的人体动态、比例关系以及服装廓型，如图7-89所示。

step 02 细致刻画人体着装的表现，绘制出服装内部的细节线条，并擦除杂线条，如图7-90所示。

step 03 用黑色马克笔覆盖铅笔的线条，注意衣服内部褶皱线条的表现，如图7-91所示。

图7-89　　图7-90　　图7-91

step 04 选择 TOUCH 27 号马克笔平铺皮肤的底色，再用 TOUCH 25 号马克笔画出皮肤的暗部，如图 7-92 所示。

step 05 头发的颜色主要用 TOUCH 101 号和 TOUCH 102 号马克笔来进行底色和暗部颜色的绘制，注意着色时笔触的变化，亮部位置要直接留白，如图 7-93 所示。

step 06 深入刻画五官，用 TOUCH 76 号马克笔画出眼睛的颜色，用高光笔点缀眼珠的亮部，再用 TOUCH 11 号和 TOUCH 9 号马克笔画出嘴唇的颜色，如图 7-94 所示。

图 7-92　图 7-93　图 7-94

step 07 用 TOUCH 35 号马克笔画出裙子的底色，再用 TOUCH 103 号马克笔画出鞋子的固有色，如图 7-95 所示。

step 08 用 TOUCH 41 号马克笔加深裙子的暗部颜色，再用高光笔画出高光部分，如图 7-96 所示。

图 7-95　　图 7-96

多款度假装表现如图 7-97 所示。

图 7-97

7.2.5 宴会装

宴会装的着装要求比较正式，一般女士以裙装为主、男士以西装为主。根据不同场合的宴会活动，着装有着不同的要求。

宴会装服装的绘制步骤

step 01 用铅笔起稿，绘制出基本的人体动态、比例关系以及服装廓型，如图7-98所示。

step 02 细致刻画人体着装的表现，绘制出服装内部的细节图案线条，并擦除杂线条，如图7-99所示。

step 03 用黑色马克笔覆盖铅笔的线条，注意衣服内部褶皱线条的表现，如图7-100所示。

图 7-98

图 7-100

图 7-99

step 04 选择 TOUCH 27 号马克笔平铺皮肤的底色，再用 TOUCH 25 号马克笔画出皮肤的暗部，如图 7-101 所示。

step 05 深入刻画五官，用 TOUCH 76 号马克笔画出眼睛的颜色，用高光笔点缀眼珠的亮部，再用 TOUCH 11 号和 TOUCH 9 号马克笔画出嘴唇的颜色，如图 7-102 所示。

step 06 头发的颜色主要用 TOUCH 101 号和 TOUCH 102 号马克笔来进行底色和暗部颜色的绘制，注意着色时笔触的变化，亮部位置要直接留白，如图 7-103 所示。

图 7-101

图 7-102

图 7-103

step 07 用 TOUCH 95 号马克笔画出上衣的毛边，再用 TOUCH BG1 号马克笔平铺上衣的底色，如图 7-104 所示。

step 08 用 TOUCH 89 号和 TOUCH 87 号马克笔画出花朵图案的亮部和暗部，再用 TOUCH 56 号和 TOUCH 55 号马克笔画出叶子的颜色，最后画出高光部分，如图 7-105 所示。

step 09 用 TOUCH 28 号、TOUCH 9 号、TOUCH 35 号、TOUCH 41 号和 TOUCH 68 号马克笔画出裙摆的颜色，如图 7-106 所示。

图 7-104

图 7-105

图 7-106

多款宴会装表现如图 7-107 所示。

图 7-107